EXPOSITION DE 1806.

RAPPORT

DU JURY

SUR LES PRODUITS

DE L'INDUSTRIE FRANÇAISE,

PRÉSENTÉ

A S. E. M. DE CHAMPAGNY,

MINISTRE DE L'INTÉRIEUR;

PRÉCÉDÉ

DU PROCÈS-VERBAL DES OPÉRATIONS DU JURY.

A PARIS,

DE L'IMPRIMERIE IMPÉRIALE.

1806.

AVIS.

Le nombre des fabricans et des établissemens nommés dans le Rapport étant considérable, la recherche des articles qu'on sera dans le cas de consulter, pourrait paraître pénible : pour la faciliter, on a distingué les articles par une série de numéros, auxquels renvoie une table placée à la fin du Rapport.

Le jury a été quelquefois dans le cas de citer les *Notices sur les objets envoyés à l'exposition*, rédigées et imprimées par ordre de S. E. M. DE CHAMPAGNY. Pour épargner aux lecteurs la peine d'y recourir, on a imprimé à la suite du Rapport les passages des Notices auxquels il renvoie : ceux qui voudront les consulter, en trouveront l'indication à la fin de la table générale.

PROCÈS-VERBAL

DES OPÉRATIONS DU JURY.

Le quinze septembre 1806, Messieurs

Alard, commissaire du Gouvernement près S. E. le Ministre de l'intérieur, pour la vérification des marchandises prohibées ;

Bardel, commissaire du Gouvernement pour la même vérification, et membre du Bureau consultatif des arts et manufactures ;

Berthollet, sénateur, grand officier de la Légion d'honneur, membre de l'Institut national et du Bureau consultatif des arts et manufactures ;

Ferdinand Berthoud, membre de la Légion d'honneur et de l'Institut national;

Collet-Descotils, ingénieur des mines, professeur de docimasie;

Louis COSTAZ, membre de la Légion d'honneur, préfet du département de la Manche, membre du Bureau consultatif des arts et manufactures ;

DEGERANDO, membre de l'Institut national, secrétaire général du Ministère de l'intérieur, membre du Bureau consultatif des arts et manufactures ;

GAY-LUSSAC, membre du Bureau consultatif des arts et manufactures ;

GILLET-LAUMONT, membre du Conseil des mines, correspondant de l'Institut national ;

GUYTON-MORVEAU, officier de la Légion d'honneur, membre de l'Institut national, administrateur des monnaies ;

LASTEYRIE, membre du comité d'administration de la Société d'encouragement;

MÉRIMÉ, peintre, membre du comité d'administration de la Société d'encouragement, et secrétaire adjoint de l'École spéciale des beaux-arts de Paris;

MOLARD, administrateur du Conservatoire

des arts et métiers, membre du Bureau consultatif des arts et manufactures;

MONGE, grand officier de la Légion d'honneur, membre de l'Institut national, président du Sénat;

MONGOLFIER, membre de la Légion d'honneur, démonstrateur au Conservatoire des arts et métiers, membre du Bureau consultatif des arts et manufactures;

PERIER, membre de l'Institut national;

Scipion PERIER, manufacturier, membre du Bureau consultatif des arts et manufactures;

PERNON (Camille), membre de la Légion d'honneur et du Tribunat, manufacturier à Lyon, membre du Bureau consultatif des arts et manufactures;

PINTEVILLE-DE-CERNON, membre de la Légion d'honneur et du Tribunat;

RAYMOND, architecte, membre de l'Institut national;

SARETTE, directeur du Conservatoire de musique;

VINCENT, membre de la Légion d'honneur et de l'Institut national, professeur de peinture à l'École spéciale des beaux-arts de Paris ;

Nommés par S. E. M. DE CHAMPAGNY, Ministre de l'intérieur, pour former le jury chargé d'examiner les produits de l'industrie envoyés à l'exposition par tous les départemens de la France,

Se réunirent à l'hôtel des Ponts-et-Chaussées, sous la présidence provisoire de M. Ferdinand BERTHOUD, doyen d'âge, et nommèrent M. MONGE, président définitif.

Conformément aux intentions de S. E. le Ministre de l'intérieur, le jury était divisé en quatre sections, savoir :

Section des arts mécaniques,

Section des arts chimiques,

Section des beaux-arts,

Section des tissus.

Chaque section chargea un de ses membres de tenir note de ses observations, pour en rendre compte au jury.

Il fut ensuite procédé à la nomination d'un rapporteur général, pour rédiger et proclamer les décisions du jury.

M. Costaz fut chargé de cette fonction.

Ces opérations préliminaires étant terminées, les sections se séparèrent pour procéder à leur travail.

Pendant les dix jours qui précédèrent l'ouverture de l'exposition publique, les sections s'occupèrent de l'examen et de la comparaison des objets envoyés par les départemens : ces objets étaient réunis dans plusieurs salles de l'hôtel des Ponts-et-Chaussées.

L'exposition fut rendue publique le 25 de septembre : les sections employèrent les jours suivans à parcourir les salles et les portiques, pour y examiner, en présence des fabricans et des artistes, soit les objets qui avaient déjà été vus, soit les produits qui paraissaient pour la première fois.

Lorsque le travail des sections fut terminé, le jury, pour être assuré que rien n'avait été oublié, résolut de faire en corps une revue générale dans les portiques et dans les salles de l'administration des Ponts-et-Chaussées. Les fabricans et les artistes qui ont concouru à l'exposition, furent avertis du jour où la visite devait avoir lieu, et ils furent prévenus que le jury désirait les trouver auprès de leurs produits, et entendre leurs observations. Dans le cours de cette visite, les sections fixèrent l'attention du jury sur tous les objets de leur ressort qui leur avaient paru mériter quelque distinction.

Après la revue générale, le jury se réunit à l'hôtel des Ponts - et - Chaussées, pour entendre les rapports des sections, et délibérer sur leurs propositions.

Le travail du jury fut terminé et arrêté dans la journée du samedi 18 octobre.

Le lendemain, à huit heures du matin, le jury se réunit à l'hôtel des Ponts-et-Chaussées, où avaient été appelés les fabricans et les artistes qui avaient mérité des

médailles ou d'autres distinctions : le Ministre de l'intérieur s'y rendit bientôt après;
le jury en corps alla à sa rencontre.

SON EXCELLENCE ayant pris place, et
ayant fait placer à côté d'elle M. MONGE,
président du jury, donna la parole à
M. COSTAZ, rapporteur, qui parla en ces
termes :

MONSEIGNEUR,

Nous venons vous présenter les résultats de l'examen des produits que les fabricans et les artistes
français ont envoyés à l'exposition de 1806.

Notre attention s'est particulièrement et presque
exclusivement fixée sur les productions qui peuvent
devenir un objet de commerce; et l'étendue de ce
commerce a toujours eu une grande influence sur
nos jugemens.

Il est des ouvrages dont l'exécution suppose une
adresse rare et quelquefois une instruction distinguée, et qui cependant ne sont pas de nature
à former une branche de commerce. Tout en
reconnaissant l'intelligence et l'habileté de leurs

auteurs , le jury a pensé qu'il ne pouvait les com-
prendre dans la distribution des récompenses, sans
sortir de ses attributions, et sans éloigner de son
but une institution formée pour améliorer l'un par
l'autre le commerce et l'industrie manufacturière.

Plusieurs manufacturiers, plusieurs artistes qui
avaient obtenu des distinctions aux expositions précédentes , ont reparu à celle de 1806.

Le jury n'a pas cru devoir leur donner pour les
mêmes objets de nouvelles médailles, à moins qu'il
ne les eût jugés dignes de monter à une distinction
supérieure. Ceux d'entre eux qui ont continué
d'être dignes des médailles dont ils ont été précédemment honorés , seront appelés pour avoir
l'honneur d'être présentés à votre Excellence. Il
sera fait mention d'eux au procès-verbal, immédiatement avant les articles de ceux qui ont obtenu
cette année, pour le même genre, la distinction de
l'ordre correspondant.

Le jury a décerné des distinctions de cinq ordres,
savoir :

1.° La médaille d'or;

2.° La médaille d'argent de première classe;

3.° La médaille d'argent de deuxième classe,
équivalente à la médaille de bronze des expositions
précédentes ;

4.° La mention honorable ;

5.° La simple citation.

On se tromperait sur les intentions du jury, si l'on pensait qu'il a jugé indignes d'estime les objets qu'il a passés sous silence ; le jury regarde la simple admission à l'exposition comme une première distinction. En effet, cette admission n'est accordée qu'après un examen préalable fait dans les départemens par des hommes éclairés ; elle suppose donc dans celui qui l'obtient une industrie recommandable.

Le jury désire que ses jugemens soient envisagés sous ce point de vue, qui est celui sous lequel ils ont été rendus.

L'exposition de 1806 fait connaître des progrès marqués dans plusieurs branches importantes d'industrie ; nous en rendrons un compte motivé dans le Rapport détaillé que nous aurons l'honneur de remettre à votre Excellence. Cette exposition a encore été remarquable par le concours des fabricans de toutes les parties de la France, qui y ont paru en nombre au moins dix fois plus grand qu'à l'exposition précédente ; elle l'a été par l'intérêt que lui a accordé le public, dont l'affluence et la curiosité se sont soutenues pendant toute sa durée.

Rien n'aurait manqué à l'intérêt de cette exposition et à l'encouragement des fabricans qui y ont concouru, si des circonstances d'un ordre supérieur ne l'avaient privée de la présence du grand homme dont le regard vivifie tout.

Après avoir prononcé ce discours, le rapporteur commença l'appel des fabricans auxquels le jury avait accordé des distinctions : ils furent successivement présentés au Ministre ; et ceux d'entre eux qui avaient été jugés dignes d'obtenir des médailles, les reçurent des mains de son Excellence.

Lorsque l'appel fut terminé, le Ministre de l'intérieur prit la parole. En se félicitant de l'honneur de distribuer ces glorieuses récompenses, il exprima le regret de ne le devoir qu'à une circonstance aussi affligeante pour l'assemblée que favorable à la gloire de nos armes, la présence de L'EMPEREUR au milieu des camps; il chercha à adoucir ces regrets, qui étaient le sentiment dominant de l'assemblée, en disant qu'il avait rendu à L'EMPEREUR un compte fidèle de l'exposition, du prodigieux succès qu'elle avait obtenu, du zèle des fabricans, de l'empressement avec lequel ils étaient venus ou avaient envoyé de toutes les parties de la France, du concours du public, et de la satisfaction de cette foule immense de spectateurs, qui avaient journellement visité les produits de l'industrie nationale; il parla des regrets qu'avait eus le Monarque lui-même, en partant le jour de l'ouverture de l'exposition, et avant d'avoir pu l'honorer de ce regard éclairé et protecteur qui eût été à-la-fois un encouragement et une récompense; enfin il le montra s'occupant, du fond de l'Allemagne et au sein de la victoire, de tous les intérêts de son peuple et de sa prospérité industrielle et commerçante, autant que de sa gloire militaire; il invita les fabricans à regarder les médailles qui leur étaient données dans ce jour, et les mentions honorables faites de plusieurs d'entre eux, comme des témoignages de la satisfaction de L'EMPEREUR et un gage de sa bienveillante protection.

Il s'adressa au jury, et le remercia, au

nom du Gouvernement, du commerce et de l'industrie française, du zèle infatigable, de la sagesse éclairée et de l'impartialité avec lesquels il avait rempli ses fonctions; il trouva qu'il avait justifié l'attente qu'avait dû faire naître une réunion d'hommes aussi éclairés, présidée par un des savans les plus distingués de l'Europe, occupant une des premières places de l'État.

Ce discours du Ministre parut faire une vive impression. Les membres du jury se sont levés spontanément, sensibles à cet hommage inattendu rendu à leur zèle et à leurs travaux : les fabricans ont été touchés du sentiment d'intérêt et de bienveillance qui perçait dans toutes les paroles du Ministre, et de l'attention délicate et obligeante avec laquelle il leur avait présenté tout ce qui pouvait adoucir un regret qu'il éprouvait plus vivement encore qu'eux-mêmes, celui de l'absence de L'EMPEREUR. Les cris de *vive l'Empereur* ont retenti dans toute la salle.

Son Excellence fut accompagnée par le jury en corps à sa sortie, comme elle l'avait été à son arrivée.

A Paris, le 20 Octobre 1806.

Signé MONGE, *Président;* ALARD, BARDEL, BERTHOLLET, F. BERTHOUD, COLLET-DESCOTILS, MOLARD, LASTEYRIE, MÉRIMÉ, L. B. GUYTON-MORVEAU, GAY-LUSSAC, GILLET-LAUMONT, DEGERANDO, PERIER, MONGOLFIER, PERNON, PINTEVILLE-DE-CERNON, VINCENT, RAYMOND, SARETTE, Scipion PERIER.

L. COSTAZ, *Rapporteur.*

RAPPORT

RAPPORT

Du Jury chargé d'examiner les Produits de l'Industrie française mis à l'Exposition de 1806;

Présenté à S. E. M. DE CHAMPAGNY, Ministre de l'intérieur.

CHAPITRE I.

LAINE.

SECTION I.

Amélioration des Laines.

L'ACQUISITION de la race des bêtes à laine connues sous le nom de *mérinos*, forme peut-être l'époque la plus importante et la plus remarquable de l'histoire de l'agriculture française : de tous côtés, des cultivateurs recommandables travaillent à l'amélioration des laines, soit en multipliant la race pure, soit en dirigeant ses alliances avec la race commune.

A

Déjà plusieurs manufacturiers de draps superfins font une partie importante de leur fabrication avec des laines recueillies en France, et l'on peut prévoir un temps où il ne sera plus nécessaire d'en acheter à l'étranger. Nos petits lainages gagnent sensiblement de la finesse, parce que les laines qu'on emploie pour les fabriquer commencent à se ressentir de la multiplication des métis, dont la toison participe plus ou moins aux qualités de celle des mérinos purs.

Des échantillons pris sur quatre-vingt-sept troupeaux répandus dans toutes les régions de la France, ont été envoyés à l'exposition ; le jury les a examinés avec le plus vif intérêt : il a comparé la laine des mérinos de race pure établis en France depuis plusieurs générations, avec celle des mérinos nés en Espagne ; il l'a trouvée égale en finesse et en beauté. Les manufacturiers de drap superfin les plus célèbres lui ont attesté qu'elle est propre aux mêmes usages, et que, soit au coup-d'œil, soit au maniement, soit à l'user, il est impossible de distinguer les draps qui en proviennent, de ceux qui ont été fabriqués avec les plus belles laines espagnoles ; les mêmes manufacturiers ont mis sous les yeux du jury des draps fabriqués avec les deux sortes de laine, et il n'a pu y apercevoir aucune différence.

Le jury a examiné avec le même intérêt les

laines métis; il en a vu de différens degrés : une supériorité frappante se fait remarquer dès le premier croisement; dans les degrés plus élevés, la laine est perfectionnée au point de tromper l'œil des connaisseurs.

Une reconnaissance éternelle est due aux hommes qui, en procurant à l'agriculture ce nouveau moyen de richesse, ont ouvert une source abondante de prospérité pour nos manufactures de laine.

Le jury félicite les cultivateurs qui s'adonnent à cette branche importante et productive de l'économie rurale; il a pris connaissance de leurs travaux et des soins avec lesquels ils conduisent l'importante opération qu'ils ont entreprise; il applaudit aux succès qu'ils obtiennent tous les jours.

SECTION 2.

Draps superfins et fins.

ON a vu à l'exposition, des draps provenant de presque toutes les fabriques de France. Le jury a remarqué que par-tout la fabrication est soignée et même améliorée, que tous les draps sont excellens chacun dans leur espèce.

Le système des réquisitions, le *maximum* et la dépréciation progressive des assignats, forcèrent, pendant un certain temps , nos manufacturiers à suspendre leur fabrication ou à la dégrader ; à cette époque, on se procurait difficilement dans le commerce des draps dignes de l'ancienne réputation des manufactures françaises : il était devenu non moins essentiel qu'urgent de relever les qualités , et d'encourager le retour vers la belle fabrication. Ces vues déterminèrent les décisions des jurys de l'an 9 et de l'an 10. Deux médailles d'or , quatre médailles d'argent et une médaille de bronze , furent décernées aux fabricans qui présentèrent les plus beaux draps superfins et fins. Aujourd'hui l'objet est complétement rempli : nos draps ne sont inférieurs en rien à ceux que l'on fabriquait avant 1789 ; ils les surpassent même en plusieurs points : mais ils sont beaucoup plus chers. Il faut s'appliquer à faire disparaître cet inconvénient : on ne peut indiquer un but plus intéressant à l'émulation des manufacturiers ; l'amélioration des laines indigènes et l'introduction des machines dans la fabrication des draps, leur fournissent les moyens de l'atteindre.

D'après ces considérations, le jury pense que les médailles et les autres distinctions destinées à encourager les manufactures de draps, doivent être réservées pour les fabricans qui parviendront à baisser les prix sans baisser les qualités. Le jury estime que les manufacturiers qui ont obtenu des médailles et des distinctions aux expositions précédentes, ne doivent point être exclus du concours qui sera ouvert sous ce nouveau point de vue : la règle passée en usage de ne pas donner deux fois la même médaille à un manufacturier pour le même objet, ne paraît pas applicable dans cette circonstance, puisque le but qu'il s'agit d'atteindre est différent, et que la difficulté à vaincre est d'une autre espèce.

Le jury se bornera donc, pour cette année, à exprimer la satisfaction avec laquelle il a vu les draps envoyés par diverses villes et par divers fabricans.

Louviers et Sedan ont fourni une grande variété de draps de la plus belle qualité, capables de soutenir la comparaison avec ce que ces deux villes ont produit de plus parfait aux époques antérieures à 1789 : le jury a même reconnu que ces draps, si estimés pour la souplesse et l'agrément, ont encore acquis sous ce rapport; il attribue cette amélioration au perfectionnement de la filature et des préparations.

Les manufactures d'Elbeuf fournissent à la consommation des fortunes moyennes, qui est importante par son étendue. Elles ont fait, dans ces derniers temps, des progrès remarquables. Leurs

premières qualités, sur-tout, qui tiennent le milieu
entre les draps de Louviers et les secondes qualités
d'Elbeuf, sont devenues plus abondantes et se sont
singulièrement améliorées. Ce progrès se montrait
déjà d'une manière sensible aux précédentes expositions.

Le jury a vu avec le plus grand intérêt les draps
envoyés par les nombreuses et importantes fabriques
des départemens de la Roer et de l'Ourte ; il a
observé que, loin d'avoir déchu depuis la réunion à
la France, elles se sont perfectionnées. Leur émulation et leur industrie ont été stimulées d'une manière
heureuse par la délicatesse du goût des consommateurs français, par l'exemple et la concurrence de
nos anciennes manufactures.

Les draps légers appelés *draps - sérail*, destinés
pour les Échelles du Levant, sont exécutés avec soin
dans les fabriques de Carcassonne et des environs ;
dans celles d'Eupen, de Verviers et d'Aix-la-Chapelle. Le jury en a vu les échantillons avec beaucoup de satisfaction.

Les castorines de Castres, de Chalabre et de
Limoux, ont été trouvées très-bien fabriquées.

La plupart des fabricans qui avaient été distingués aux précédentes expositions, ont encore figuré
d'une manière honorable à celle de 1806.

1. MM. Décretot (Jean-Baptiste) et compagnie, de Louviers,

Obtinrent une médaille d'or à l'exposition de l'an 9, qui fut la première où ils se montrèrent; les produits qu'ils exposèrent en l'an 10, parurent encore plus beaux; ceux qu'ils ont présentés en 1806, répondent tout-à-fait, par leur beauté et leur perfection, à la haute idée que le public s'est depuis long-temps formée de cette manufacture, le modèle de la belle draperie française.

2. MM. Ternaux frères, manufacturiers à Louviers, Sedan, Reims et Ensival, demeurant à Paris, place des Victoires,

Obtinrent une médaille d'or en l'an 9.

Les draps superfins et fins fabriqués par MM. *Ternaux*, dans leurs diverses manufactures, vont de pair avec ce qu'il y a de plus estimé dans le commerce ; leurs vigognes ont été trouvés d'une qualité supérieure, et leurs casimirs de la première beauté.

Au mérite de parfaitement fabriquer les étoffes connues, MM. *Ternaux* joignent celui d'en avoir composé de nouvelles, soit d'après leurs propres combinaisons, soit d'après l'exemple des étrangers. C'est ainsi qu'en fabriquant, sur un simple échantillon venu d'Angleterre, l'étoffe appelée *duvet de cygne*, ils sont parvenus à supplanter, pour cet article, les fabricans anglais par-tout où ils ont été en concurrence avec eux, même à l'étranger. Ils ont récemment inventé de nouvelles étoffes auxquelles ils ont donné les noms de *satl-draps* et de *sati-vigognes*, qui sont douces, légères et d'un effet agréable; enfin ils sont parvenus à fabriquer avec la laine de mérinos des châles d'une grande finesse et qui jouent le cachemire.

Cette maison, qui fait à l'extérieur un commerce très-étendu, et qui emploie dans l'intérieur plusieurs milliers d'ouvriers, est, sous tous les rapports, digne des distinctions qu'elle a obtenues aux expositions précédentes.

Médailles
d'Argent,
1.re classe.

3. M. DELARUE, de Louviers;

4. M. PETOU, de Louviers;

5. M. LECAMUS, de Louviers;

6. M. GRANDIN (Jacques), d'Elbeuf,

Qui ont obtenu des médailles d'argent de 1.re classe aux précédentes expositions, ont exposé, en 1806, des draps parfaitement fabriqués, qui prouvent que ces manufacturiers ne cessent de faire des efforts pour se surpasser eux-mêmes, et continuent de mériter la distinction qui leur a été accordée.

Plusieurs fabricans de LOUVIERS, de SEDAN, d'ABBEVILLE, d'AIX-LA-CHAPELLE, de BORCETTE, de VERVIERS, de FRANCOMONT, d'ENSIVAL, d'EUPEN, d'ELBEUF et des ANDELYS (1),

Ont présenté des draps qui auraient concouru pour les médailles, si le jury n'avait pris la résolution dont il a été rendu compte ci-dessus.

SECTION 3.

Draperies moyennes.

7. M. GUIBAL, jeune, de Castres, département du Tarn,

Obtint, en l'an 10, une médaille d'argent pour

---

(1) *Voyez* la Notice sur les objets envoyés à l'exposition, publiée par ordre de S. E. M. *de Champagny*, Ministre de l'intérieur :

Pour Louviers, département de l'Eure, *pag. 76 et 77;*

Pour Sedan, département des Ardennes, *pag. 34 et 35;*

Pour Abbeville, département de la Somme, *pag. 333 et 334;*

Pour Aix-la-Chapelle et Borcette, département de la Roer, *page 247;*

Pour Verviers, Francomont, Ensival et Eupen, département de l'Ourte, *pag. 205 et 206;*

Pour Elbeuf, département de la Seine-inférieure, *pag. 311 et 312;*

Pour les Andelys, département de l'Eure, *page 77.*

un assortiment nombreux d'étoffes de laine auxquelles on reconnut toute la perfection que com-
portent les étoffes de ce genre ; la fabrication des
étoffes exposées en 1806, n'est pas moins soignée, et M. *Guibal* est toujours digne de la distinction qui lui a été décernée.

---

8. MM. MARTEL et fils, de Bedarieux ;
    département de l'Hérault,

9. M. GAUTHIER, de Mons,

Obtinrent, en l'an 10, une médaille de bronze
équivalente à une médaille d'argent de 2.e classe:

MM. *Martel*, pour des draps de moyenne qualité ;

M. *Gauthier*, pour des étoffes de laine dites
tricots.

En examinant les produits envoyés cette année
par ces deux maisons, le jury a vu avec plaisir
qu'elles ne laissent pas dégénérer leur fabrication,
et qu'elles sont toujours dignes des médailles qu'elles
ont obtenues.

Le jury a également vu avec satisfaction les
produits mis à l'exposition de cette année, par les
fabricans ci-dessous dénommés :

10. M. MATHIEU VERNIS, d'Aubenas, département de l'Ardèche,

Qui fut mentionné honorablement en l'an 10, pour ses draps destinés à la consommation de la classe peu aisée;

11. M. PÉLISSON, fils, de Poitiers,

Dont les tricots, destinés à l'habillement des troupes, furent honorablement mentionnés en l'an 10.

Nota. Les serges drapées de M. Claude FOUQUET, et les différentes étoffes de laine, fabriquées au dépôt de mendicité de Poitiers, ont aussi paru dignes d'attention.

12. M. PAMARD, de Dèvres, département du Pas-de-Calais,

Dont les gros draps furent honorablement mentionnés en l'an 10.

13. Le jury a décidé qu'il serait fait mention honorable des fabriques dont les noms suivent :

VIRE, département du Calvados;

LODÈVE, CLERMONT, SAINT-CHINIAN, SAINT-PONS, BEDARIEUX, département de l'Hérault ;

CHÂTEAUROUX, département de l'Indre ;

ROMORANTIN, département de Loir-et-Cher ;

BISCHWILLERS, département du Bas-Rhin ;

BEAULIEU-LÈS-LOCHES, département d'Indre-et-Loire ;

PONT-EN-ROYANS, département de l'Isère ;

ALTENDOFF, OBERWESEL et MAYEN, département de Rhin-et-Moselle ;

ESCH, VILTZ et CLAIRVAUX, département des Forêts.

Les différentes manufactures qui viennent d'être nommées, font des draps propres à l'habillement des troupes. Ces draps ayant la même destination, ont des qualités à-peu-près égales : le jury les a trouvés fabriqués avec soin.

14. Le jury a aussi résolu de mentionner honorablement,

La fabrique de DÈVRES, canton de Boulogne, département du Pas-de-Calais ;

La fabrique de SAINT-OMER, département du Pas-de-Calais ;

La fabrique du canton de FRUGES, département du Pas-de-Calais ;

La fabrique de FOIX, de MIREPOIX et de SAINT-GIRONS, département de l'Arriége ;

Les fabriques des communes de BEAUVAIS, de

TRICOT, de CORMEILLES, de QUENOY, d'HAN-
VOILE et de GRANVILLERS, département de l'Oise.

Les gros draps, les pinchinats, les ratines et les autres étoffes de laine de ces manufactures, ont paru d'une bonne fabrication.

SECTION 4.

Casimirs.

LA fabrication du casimir a fait de très-grands progrès depuis la dernière exposition; elle s'est étendue et perfectionnée : la France peut la regarder comme une acquisition définitivement consommée.

Les raisons qui ont déterminé le jury à ne point décerner de médailles pour la fabrication des draps, ne s'appliquent pas au casimir, qui est une partie neuve, que l'on doit encourager de toutes les manières.

Voici les noms des fabricans que le jury a crus dignes d'être distingués :

15. MM. GENSSE-DUMINY et compagnie, d'Amiens, ayant leur dépôt à Paris chez M. *Bardel* fils, rue des Bons-Enfans, n.° 29.

Médailles d'Or.

Ces fabricans ont présenté des pièces de casimir de la plus grande perfection, réunissant une extrême finesse à la solidité : ces casimirs ont en chaîne un nombre de fils plus considérable que les casimirs les plus fins du commerce; et malgré cela, au toucher et au coup-d'œil ils sont plus doux et plus fins.

MM. *Grasse-Duminy* ont introduit récemment la fabrication du *patentcord*, étoffe que l'Angleterre vendait exclusivement et fort cher.

Le jury de l'an 10 leur donna une médaille d'argent à cause de leurs casimirs.

Depuis l'an 10, ils ont fait faire des progrès marqués à la fabrication de cette étoffe.

Le jury leur décerne une médaille d'or.

———

16. MM. BALIGOT père et fils, de Reims,

Ont eu la médaille d'argent en l'an 10.

Le jury déclare que les qualités qui méritèrent à leurs casimirs cette distinction, se sont très-bien soutenues.

17. M. POUPARD-NEUFLIZE, de Sedan;

18. MM. HOMBERG, STOLTENHOF et compagnie, d'Eupen, département de l'Ourte;

19. MM. GISCARD aîné, RAYMOND-SEVENNE et fils, et BROUILHET, de Marvejols, département de la Lozère;

20. M. CHARLES BOHNÉ, d'Eupen, département de l'Ourte.

Le jury juge ces quatre maisons dignes chacune d'une médaille d'argent de 1.re classe.

Elles ont présenté des casimirs bien fabriqués, fins, beaux, et capables de soutenir la comparaison avec les casimirs les plus estimés fabriqués chez l'étranger.

———

21. Le jury a arrêté de faire mention ho-
norable des casimirs fabriqués à SEDAN, à LOUVIERS, à REIMS, à EUPEN, à VERVIERS, à ENSIVAL, à AIX-LA-CHAPELLE et à RÉTHEL (1).

Ces casimirs, de différens degrés de finesse, et de prix divers, ont paru de bonne qualité, chacun dans

———

(1) *Voyez* la Notice des objets envoyés à l'exposition, publiée par ordre de S. E. M. *de Champagny,* Ministre de l'intérieur,

Pour Sedan et Réthel, département des Ardennes, *pag. 34 et 35 ;*

Pour Louviers, département de l'Eure, *pag. 76 et 77 ;*

Pour Eupen, Verviers et Ensival, département de l'Ourte, *pag. 205 et 206 ;*

Pour Aix-la-Chapelle et Borcette, département de la Roer, *page 247.*

son espèce, et propres à écarter pour toujours les casimirs étrangers de la consommation nationale.

SECTION 5.

Cadis, Serges, Étamines.

22. MM. VIALETTES D'AIGNAN, de Montauban.

Ces manufacturiers obtinrent, en l'an 10, une médaille de bronze, en considération de la bonne fabrication de leurs cadis unis et frisés : les objets de même nature qu'ils présentent cette année, sont encore dignes de cette distinction.

> *Nota.* Le jury a aussi remarqué avec satisfaction les cadis, les draps croisés et les ratines envoyés par M. JOSEPH SERRES, M. KACHON, MM. ALBRESPY frères, de Montauban.

23. M. BROSSER l'aîné, de Beauvais,

A présenté des étoffes pressées, du même genre que celles qui lui méritèrent une médaille de bronze à l'exposition de l'an 10.

Le jury voit avec satisfaction qu'il continue à soigner sa fabrication et ses apprêts.

24. M. DESPORTES (J.-B.) du Mans,

Dont les étamines furent honorablement mentionnées à l'exposition de l'an 10, en a présenté en 1806, qui sont bien dignes de la réputation dont la ville du Mans jouit depuis long-temps pour cet article.

25. En l'an 10, il fut fait mention honorable des manufactures de RODEZ, de SAINT-GENIEZ et de SAINT-AFFRIQUE, département de l'Aveyron.

Les échantillons envoyés cette année par ces fabriques, ont été trouvés bien fabriqués et bons dans leur genre. Le jury a appris avec satisfaction que l'usage de la navette volante a été introduit dans ces fabriques : il félicite M. le préfet de l'Aveyron, aux soins duquel cette amélioration est due.

26. Les tricots et les cadis de CAMARÈS et de FAYET, dans le même département,

Sont aussi dignes d'éloges.

LE JURY ARRÊTE de faire mention honorable

27. Des cadisseries de la Lozère.

Des échantillons très-bien fabriqués, ont été envoyés par MM. ROGERI, ANDRÉ et FABRE de la Canourgue, et par M. HERCULE LEVRAULT, marchand fabricant à Mende.

B

**28. Des serges de SAINT-LÔ, département
de la Manche.**

Les échantillons envoyés par M. LEPAYSAN,
membre de la chambre consultative de Saint-Lô,
ont été trouvés de bonne qualité.

**29. Des étamines, des droguets et des serges
de NOGENT - LE-ROTROU, département
d'Eure-et-Loir.**

Ces étoffes, produit de la fabrication de vingt-un
fabricans, sont bonnes chacune dans leur espèce,
et méritent la confiance des consommateurs

**30. Des ratines et des draps croisés de
VIENNE, département de l'Isère.**

**31. Des tricots pour veste et culotte de
soldat, fabriqués à SAINT-HIPPOLYTE,
département du Gard.**

SECTION 6.
Étoffes de fantaisie.

32. M. PICTET, de Genève,

Obtint, en l'an 10, une médaille d'argent pour
avoir fabriqué, en laine et soie, des châles très-fins
et d'un effet agréable; le succès que ces châles ont
eu dans le commerce, a encouragé M. *Pictet* à

perfectionner encore leur fabrication : le jury s'en est convaincu par l'examen de ceux qui ont été envoyés à l'exposition de 1806.

33. Veuve de Récicourt, Jobert, Lucas et compagnie, de Reims.

Le jury de l'an 10 décerna une médaille d'argent à cette maison, à laquelle MM. *Ternaux* frères sont associés; elle fabrique des duvets de cygne, des toilinettes, des flanelles et des châles, qui ont beaucoup de succès dans le commerce, et soutiennent avec avantage la concurrence de l'industrie étrangère.

Les produits de cette maison, présentés à l'exposition de 1806, sont très - agréables et bien fabriqués ; le jury les signalerait par une médaille d'argent de 1.re classe , s'ils n'avaient pas déjà obtenu cette distinction à une exposition précédente.

34. Le jury arrête qu'il sera fait mention des silésies, duvets de cygne, toilinettes et autres petites étoffes manufacturées à Reims.

Ces étoffes, extrêmement variées et habilement accommodées au goût des consommateurs, sont travaillées avec soin.

SECTION 7.

Couvertures, Molletons, &c.

35. MM. GAJON, MARTIN, COLAS DE BROUVILLE, VANDERBERGUE, et compagnie, d'Orléans.

En l'an 10, une médaille de bronze équivalente à une médaille d'argent de 2.ᵉ classe, fut accordée à ces fabricans, pour leurs couvertures en laine, laine et coton; le jury a été satisfait de la qualité des couvertures exposées en 1806, et les a jugées toujours dignes de la distinction qu'elles ont obtenue.

Elles sont fabriquées avec des laines cardées et filées à la mécanique.

———————

36. M. DEMAILLY (Stanislas), d'Amiens;

Mentionné honorablement en l'an 10, pour des étoffes appelées *Beaucamps*, utiles à la classe pauvre, a encore mérité cette distinction à l'exposition de 1806.

37. M. ROCHARD (Clément), d'Abbeville,

Fut mentionné honorablement à l'exposition de l'an 10, pour ses calmoucks; les produits qu'il a exposés en 1806, ne peuvent qu'ajouter à la répu- tation de sa fabrique.

38. La fabrique de SAINT-CÔME, département de l'Aveyron,

Qui fut mentionnée honorablement en l'an 10, a envoyé cette année des flanelles imprimées de diverses couleurs, fabriquées et préparées avec soin.

39. M. MARLIN, rue Saint-Victor, n.º 86,

Fut mentionné honorablement en l'an 10, pour des couvertures de laine et de coton faites avec soin : il mérite d'obtenir de nouveau cette distinction en 1806.

40. La fabrique de couvertures de laine et de coton établie au faubourg S.-Marcel à Paris,

Est digne d'attention par la bonté de sa fabrication, aussi-bien que les coatings et les baies fabriqués dans le département de l'Escaut, et les molletons d'ANDUSE, département du Gard.

Le jury croit devoir citer,

41. M. ALBINET, fabricant de couvertures, rue d'Orléans, faubourg S.-Marcel, n.º 18;

42. M. DENOIR-JEAN, fabricant de couvertures, rue de la Juiverie, n.º 19;

B 3

Citations. 43. M. GILLES, fabricant de couvertures, rue S.-Victor, n.º 122;

44. M. FAYARD, fabricant de couvertures, rue S.-Victor, n.º 89.

SECTION 8.

Velours d'Utrecht, Pannes.

Mentions honorables. 45. M. LAHAYE-PISSON, d'Amiens;

Fut mentionné honorablement en l'an 10, pour ses pannes et ses velours d'Utrecht; il a reparu à l'exposition de 1806, avec des produits de son industrie, toujours dignes des suffrages du jury.

Il est fait mention honorable des fabricans dont les noms suivent,

46. MM. DEBRAY, VALFRESNE et compagnie, d'Amiens,

Pour leurs pannes, long poil, unies et ciselées; Pour leurs anacostes ou acostines en noir.

47. M. LAURENT MORAND, d'Amiens,

Pour ses velours d'Utrecht.

CHAPITRE 2.

ÉTOFFES DE CRIN.

48. M. BARDEL, fils, à Paris, rue des Bons-Enfans, n.º 29,

Médailles d'Argent, 2.ᵉ classe

A exposé des étoffes en crin pour la fabrication des meubles; il obtint pour cet objet une médaille de bronze en l'an 10, parce que, porte le procès-verbal de l'an 10, « les étoffes de crin de la fabri-» cation de M. *Bardel* sont douces au toucher et ne » présentent pas d'aspérités, quel que soit le sens » dans lequel se fait le mouvement de la main. »

Le jury a reconnu les mêmes qualités et le même soin de fabrication dans les étoffes de crin que M. *Bardel* fils a présentées cette année.

---

49. M.ᵐᵉ veuve GOSSET, de Gavray, département de la Manche,

Est citée pour ses toiles de crin propres à faire des tamis et à d'autres usages.

CHAPITRE 3.

CHAPELLERIE.

Mentions honorables. LE JURY ARRÊTE de faire mention honorable des fabricans dont les noms suivent :

50. MM. MAZARD-CLAVEL, père et fils, de Lyon ;

51. MM. GUIFFRAY et compagnie, de Lyon.

Ils ont exposé des chapeaux de très-bonne qualité et dignes de la réputation dont jouit depuis long-temps la chapellerie de Lyon.

52. M. P. L. DUSART, de Malines, département des Deux-Nèthes,

A exposé des chapeaux de bonne qualité.

53. M. CALLOUD, de Parme,

54. M. FERRARI, de Plaisance,

Ont exposé de la chapellerie qui a du mérite.

CHAPITRE 4.

SOIE.

SECTION I.

Soies grèges.

55. MM. Jubié frères, à la Sône, département de l'Isère,

Ont envoyé à l'exposition des soies moulinées
et des organsins d'une beauté remarquable. Il
leur fut décerné une médaille d'or à l'exposition
de l'an 10; le jury motiva son jugement sur ce
que les soies de la Sône sont préférées à toutes
celles qui se trouvent dans le commerce, pour la
fabrication des étoffes les plus belles. Les produits
exposés en 1806 par MM. *Jubié*, sont au moins
aussi beaux que ceux de l'an 10; et le jury voterait
pour eux une médaille d'or, s'ils n'avaient déjà
obtenu cette distinction.

Le jury croit devoir rappeler aux tireurs et
moulineurs de soie, que la fabrique de la Sône doit
sa supériorité à l'emploi des machines de *Vaucanson*.

56. M. Gensoul, négociant à Lyon.

Ce négociant a imaginé un appareil pour échauffer,

au moyen de la vapeur, l'eau des bassines où les cocons sont mis pour être filés.

Cet appareil présente trois avantages majeurs :

1.° Il se fait une économie considérable sur le combustible.

2.° Il est facile de régler la température de la manière la plus favorable, pour conserver la force et les autres qualités de la soie.

3.° La soie tirée au moyen de cet appareil est extrêmement pure, et n'a point cette teinte terne que l'on aperçoit presque toujours dans les soies tirées par le procédé ordinaire; teinte qui se reconnaît encore après la teinture, sur-tout dans les nuances délicates.

M. *Gensoul* a envoyé des échantillons filés par son nouveau procédé, dans sa maison de Connaux, département du Gard; ils sont très-beaux, et remarquables par la pureté de leur teinte.

Le jury regarde comme très-importans les perfectionnemens qui s'appliquent aux préparations primitives d'une matière première, parce que l'effet de ces perfectionnemens se fait sentir dans toutes les branches et dans tous les degrés de fabrication où cette matière est employée.

Ces considérations ont déterminé le jury à voter, pour M. *Gensoul*, une médaille d'or.

57. M. DEYDIER, d'Aubenas, département de l'Ardêche ;

Médailles d'Argent, 1.re classe.

58. M. VAGINA-DÉMERESE, de Perosa, département de la Doire.

Ces fabricans ont présenté des soies et des organsins de bonne qualité et très-bien préparés : le jury leur a décerné à chacun une médaille d'argent de première classe.

—————

59. M. BRANDI, de Roccadebaldi, département de la Stura ;

Médailles d'Argent, 2.e classe.

60. MM. CHARTON père et fils, de Saint-Vallier, département de la Drôme ;

61. M. GIANI, de Verzuola, département de la Stura ;

62. M. MATTHIEU (Joseph), de Brignolles, département du Var ;

63. M. VIGLIETTI, de Beinette, département de la Stura.

Les soies et les organsins envoyés par ces fabricans, ont paru au jury d'une bonne préparation et d'une bonne qualité ; en conséquence, il a voté pour

Médailles d'Argent, 2.ᵉ classe.

chacun d'eux une médaille d'argent de 2.ᵉ classe.

Nota. Les organsins envoyés par MM. CHAR-
TON ont été faits avec de la soie tirée par le
procédé de M. GENSOUL.

———————

Mentions honorables.

Le jury a vu avec satisfaction et jugé dignes
d'une mention honorable les soies en poil, les
soies ouvrées et organsinées, de

64. M. BERRIAT, de Vif, département de
l'Isère ;

65. M. CARBONEL, de Menesbes, département de Vaucluse ;

66. M. CORNUS, de Montélimart, département de la Drôme ;

67. MM. DELEUTRE fils, et MANTEL,
d'Avignon, département de Vaucluse ;

68. M. GIRARD, de Cotignac, département
du Var ;

69. M. J.-B. REGIS, de Cotignac, département du Var ;

70. M. TEMPLIER, de Cotignac, département
du Var.

Le jury fait également mention honorable de

71. M. JOURDAN, de Ganges.

Cet artiste a préparé avec beaucoup d'intelligence la soie qui a servi à M. BONNARD pour fabriquer le tulle dont il sera question ci-après.

Mentions honorables.

SECTION 2.

Étoffes de Soie.

72. M. CAMILLE PERNON, de Lyon,

Médailles d'Or.

A exposé plusieurs produits de sa fabrication, parmi lesquels on a remarqué des coussins en brocart or relevé, et des brocarts or et argent, sans envers, faisant partie des présens destinés au Grand-Seigneur.

M. *Pernon* étant membre du jury de 1806, nous nous abstenons d'entrer dans des détails sur le mérite de ses productions, et nous nous bornons à renvoyer à ce qui en a été dit par le jury de l'an 10 (1).

—————————————

(1) M. PERNON (Camille), fabricant à Lyon, ayant un dépôt à Paris, rue de Cléry, chez M. *Grognard*,

A exposé des étoffes de la plus grande magnificence, et dignes de la haute réputation de la ville de Lyon pour les soieries et les broderies : on y remarquait,

1.º Une robe de mousseline française, brodée en soie et dorure, sans envers, imitant parfaitement les belles broderies des Indes; elle a été exécutée dans les ateliers de M. *Rivet*, brodeur à Lyon;

73. M. MALIÉ (Joseph), de Lyon.

Ce fabricant a exposé, 1.° du satin remarquable par son éclat et sa souplesse : c'est le satin le plus parfait qu'on ait fabriqué jusqu'ici à Lyon ; il est sensiblement supérieur aux qualités anglaises;

2.° Du taffetas également de qualité supérieure;

3.° Du velours trois poils et des velours légers, très-bons et très-beaux : les velours légers, dont la fabrication offre le plus de difficulté, méritent particulièrement d'être remarqués.

Le jury a décerné à M. *Joseph Malié* une médaille d'or.

Le jury a décerné une médaille d'argent de 1.re

2.° Un velours soie, teint en écarlate, nuance qu'on n'avait pu obtenir jusqu'ici sur cette matière, et un damas apprêté en un blanc qui ne coule jamais : ces deux chefs-d'œuvre ont été exécutés par les procédés de M. *Gonin* fils, teinturier à Lyon;

3.° Des satins et des taffetas, grande largeur, sans envers.

Le jury a remarqué dans les broderies et les brochés, une grande variété et un bon choix de dessin. La broderie brochée est si bien exécutée, qu'elle imite la broderie à l'aiguille.

Le jury a décerné à M. *Pernon* une médaille d'or. (*Extrait du procès-verbal de l'an 10, pages 20 et 21.*)

classe à chacun des fabricans dont les noms suivent.

74. M. Beauvais, de Lyon.

Il a exposé une grande variété de velours, de reloutés et autres étoffes, pour vêtement de femme, de très-belle et très-bonne qualité.

75. MM. Bellanger et Dumas-des-Combes, de Paris, rue Sainte-Apolline.

Ils ont présenté à l'exposition,

1.° Des étoffes très-variées en châles imitant le cachemire ;

2.° Des étoffes soie et coton, brochées or et argent, d'une bonne fabrication et d'un dessin élégant ;

3.° Des gazes et étoffes façonnée et brochées pour vêtement de femmes, d'une fabrication élégante.

76. M. Bissardon, de Lyon,

Pour ses étoffes soie et or de toute espèce, de soie mélangée de coton, ses châles de diverses façons et ses velours ciselés en dorure ; tous objets bien fabriqués.

77. MM. Debarre, Theoleyre et Dutilleul, de Lyon,

Pour avoir présenté à l'exposition une grande variété d'étoffes façonnées, fabriquées par eux et

servant au vêtement des hommes et des femmes.
Le jury a reconnu dans ces étoffes une excellente
fabrication.

78. M.me veuve JACOB, de Lyon,

Pour des satins lisérés et des taffetas parfaitement fabriqués.

79. M. LAGRIVE, de Lyon,

Pour la beauté de son satin et de ses étoffes
unies.

80. MM. SÉGUIN et POUJOL, de Lyon,

Pour leurs brocarts, leurs lustrines et leurs gazes
brochés or et argent, qui sont de la plus grande
beauté.

81. MM. SERISIAT et AYMAR, de Lyon,

Pour leurs satins et leurs étoffes façonnés, qui
sont d'une fabrication excellente.

82. M. TERRET, de Lyon,

Pour avoir fabriqué des châles, des étoffes
façonnées et chinées, de qualités très-variées et
excellentes.

_____

83. M. BONTENS, rue Meslée, n.e à Paris,

Obtint, en l'an 10, une médaille de bronze,
équivalente

équivalente à une médaille d'argent de 2.ᵉ classe, Médailles d'Argent, 2.ᵉ classe. pour avoir fabriqué des étoffes en soie et coton appelées *madras*. Les étoffes du même genre qu'il a présentées à l'exposition de 1806, sont propres à augmenter l'estime méritée dont il jouit depuis long-temps.

84. M. VACHER, de Paris,

A présenté à l'exposition, des étoffes de soie, de goûts variés et agréables ; il obtint, pour des étoffes du même genre, une médaille de bronze à l'exposition de l'an 10 : ses qualités se sont bien soutenues.

———

LE JURY ARRÊTE de faire mention honorable des Mentions honorables. fabricans dont les noms suivent :

85. M. PIERRE PAVY, de Lyon,

Pour ses damas et ses étoffes brochées or et argent.

86. MM. MONTERRAT et fils, de Lyon,

Pour leurs satins et leurs étoffes façonnées.

87. M. VANRISAMBURG cadet, de Lyon,

A cause de ses étoffes en dorure pour le Levant.

88. M. PINONCELLI (François), de Lyon,

Pour ses satins liserés et ses taffetas façonnés.

C

89. M. BOUSQUET, de Nîmes ;

90. M. GIRARD, de Nîmes,

91. M. PRIVAT, de Nîmes,

Pour leurs châles et leurs petites étoffes.

92. M. LACOSTE, de Nîmes,

Pour ses nankinettes et ses petites étoffes.

93. MM. DELEUTRE fils et MANTEL, d'Avignon,

Pour la belle fabrication de leurs florences.

94. M. URBACH, de Cologne, département de la Roer,

95. M. HEYDWEILER, de Crevelt, département de la Roer,

96. M. RIGAL, de Crevelt, département de la Roer,

Pour des étoffes où la soie est traitée avec grâce, et des velours d'une grande légèreté, et qui sont établis à bon marché.

97. M. GRONDONA (Nicolas), de Gênes,

Qui a envoyé à l'exposition, des velours magnifiques, dignes de la haute réputation dont la ville de Gênes a toujours joui et jouit encore pour cet article.

SECTION 3.

Rubanerie.

98. MM. Dugas frères et compagnie, à Saint-Chamond, département de la Loire.

Médailles d'Or.

Ces manufacturiers ont envoyé à l'exposition, des rubans de leur fabrique, en satin et en uni, de grande largeur; des rubans velours et des rubans damassés, tous de qualités supérieures : le jury en a trouvé le travail excellent; il a particulièrement remarqué la perfection des apprêts. Ces rubans ont paru faits pour effacer ceux que l'Angleterre a été en possession de fournir jusqu'ici.

Le jury leur a décerné une médaille d'or.

———

LE JURY ARRÊTE de faire mention honorable des fabricans et des fabriques dont les noms suivent :

Mentions honorables.

99. MM. Sirvanton (Guillaume) et compagnie, de Saint-Chamond.

100. MM. Dugas-Vialis et compagnie, de Saint-Chamond.

101. MM. Napoly, Meynier et compagnie, de Lyon.

102. MM. RAMIER, père et fils, et compagnie, de Lyon.

Les rubans fabriqués par ces quatre maisons, sont très-beaux et propres à soutenir la concurrence des rubans étrangers les plus estimés.

103. La fabrique de SAINT-ÉTIENNE,

Dont les rubans ont été jugés bien faits et bien apprêtés.

104. La fabrique de CREVELT.

Ses rubans sont fabriqués avec intelligence ; leur qualité est bonne, eu égard au prix, qui est modéré.

SECTION 4.

Tulle et Crêpe.

Médailles
d'Argent,
1.re classe.

105. M. BONNARD, de Lyon.

Il a présenté des tulles à double nœud et à maille fixe qui ne coule ni à sec ni au blanchissage ; ils peuvent être lavés sans se gonfler, et deviennent même plus beaux que du premier blanc. M. *Bonnard* peut faire dans le tissu des variations susceptibles de produire des dessins agréables : les qualités de son tulle tiennent aussi à une perfection qu'il a introduite dans la préparation de la soie.

Le jury lui décerne une médaille d'argent de 1.re classe.

LE JURY ARRÊTE de faire mention honorable de

106. MM. JOLIVET, COCHET et JOURDAN, de Lyon,

Qui ont exposé du beau tulle à double nœud.

107. MM. BERTHIER et compagnie, de Lyon,

Qui ont exposé du crêpe bien fabriqué.

SECTION 5.

Broderie et Passementerie.

108. M. FLEURY DELORME, de Paris, rue Saint-Denis, n.º 277, Médailles d'Argent, 2.ᵉ classe.

A présenté un nouveau genre de broderie imitant le velours, dont le commerce des modes peut tirer un parti avantageux.

Le jury lui décerne une médaille d'argent de 2.ᵉ classe.

109. M.ᵐᵉ veuve VITTE, de Lyon,

A imaginé un nouveau point de broderie propre à donner plus de correction à ce genre de travail.

Le jury lui décerne une médaille d'argent de 2.ᵉ classe.

C 3

110. M. BONY, de Lyon,

A exposé des broderies remarquables par leur beauté.

Le jury lui décerne une médaille d'argent de 2.ᵉ classe.

---

111. M. ESNAULT, rue d'Orléans-Saint-Honoré, n.º 19,

Honorablement mentionné en l'an 10 pour ses broderies, a mérité de l'être de nouveau en 1806.

112. M. GOBERT, de Paris, Cour des Fontaines,

Dont les passementeries méritèrent une mention honorable en l'an 10, en a exposé cette année qui soutiennent parfaitement sa réputation.

113. M. DEVILLE, rue Grange-aux-Belles.

Les gazes soufflées qu'il a présentées sont mentionnées honorablement.

CHAPITRE 5.

DENTELLES ET BLONDES.

114. M. VANDESSEL, manufacturier à Chantilly,

Fut récompensé, en l'an 10, d'une médaille d'argent, pour la beauté des dentelles de soie ou blondes qu'il avait fabriquées; il s'est montré, en l'an 1806, avec des blondes qui, par la beauté de l'exécution, n'honorent pas moins son industrie. *Médailles d'Argent, 1.re classe.*

115. M. MERCIER fils, d'Alençon,

A fabriqué et mis à l'exposition de grandes pièces en point d'Alençon, d'une très-belle exécution.

116. M. GALER-LIGEOIS, de Bruxelles,

A exposé des dentelles de sa fabrique, où le jury a remarqué une exécution soignée, un dessin d'un très-bon goût, et beaucoup de mérite sous le rapport du perfectionnement.

117. M. MOREAU, manufacturier à Chantilly,

A présenté des ouvrages en blondes et dentelles noires, dans l'exécution desquels il y a beaucoup de mérite.

Ces trois manufacturiers ont été jugés dignes chacun d'une médaille d'argent de 1.re classe.

C 4

118. MM. ASSERAT, ROLAND père, GUI-
CHARD-PORTAL, et ROBERT cadet, du Puy,
département de la Haute-Loire,

Obtinrent en l'an 10, à raison de la bonne
fabrication de leurs dentelles et de leurs blondes,
une médaille de bronze.

Les objets qu'ils ont présentés cette année, prouvent qu'ils sont toujours dignes de la distinction
dont ils ont été honorés.

———————

119. MM. SAINT-REMY-CARETTE et
ANSART-PIERON, d'Arras,

Obtinrent, à la même exposition, une mention
honorable pour leurs dentelles.

Le jury s'est assuré, par l'examen des produits que ces deux maisons ont envoyés en 1806,
que leur fabrication est toujours également bien
soignée.

LE JURY ARRÊTE de faire mention honorable des
dentelles et des blondes présentées par les fabricans
et les établissemens dont les noms suivent :

120. M.ᵐᵉ CHEVAUX, de Chantilly.

121. M. de MÉANTIS, de Chantilly.

M.ᵐᵉ *Chevaux* a présenté une belle robe de dentelle noire; et M. *de Méantis*, un couvre-pied.

122. M. HOUEL, de Caen,

Qui a présenté un beau châle de dentelle.

123. M. CHAMPAGNAC et veuve DULAC, du Puy,

Qui ont présenté des dentelles de fil, dans le genre commun, d'une très-bonne fabrication.

124. Les fabricans de Bayeux,

Pour leurs dentelles, voiles et fichus.

125. Les fabricans de BRUGES, YPRES, COURTRAI et MENIN,

Pour leurs dentelles.

126. Les établissemens formés dans les hospices et les écoles du département de la Lys, et particulièrement l'école de LA MOTTE à YPRES, qui se distingue par la perfection du travail.

127. L'établissement formé à l'hospice de LIÉGE.

128. L'établissement formé à S.-Mandé, près Vincennes, par M. BOBÉE.

Cet établissement est d'autant plus intéressant, qu'il a été formé dans des vues de bienfaisance.

LE JURY ARRÊTE qu'il sera aussi fait mention honorable des fils à dentelles envoyés à l'exposition par les fabricans dont les noms suivent :

129. M. DUFOUR, d'Arras,

Qui fut déjà mentionné honorablement en l'an 10.

130. M. CONSTANTIN LEPERS, à Valenciennes,

Qui a présenté du fil de la plus grande finesse.

131. M. THOMASSIN, de Douai.

132. MM. MARC BÉTHUNE et LANGUILLE, de Castillon, département du Nord,

Qui ont envoyé du fil écru simple, de la première qualité.

CHAPITRE 6.

CHANVRE ET LIN.

SECTION I.

Rouissage.

133. M. GUYS, à Amiens,

A formé un établissement de rouissage, suivant la méthode de M. *Bralle ;* plusieurs échantillons de chanvre roui, dans son établissement, ont été mis sous les yeux du jury, qui en a été très-satisfait.

Le jury a décerné à M. *Guys* une médaille d'argent de 1.re classe.

Médailles d'Argent, 1.re classe.

SECTION 2.

Cordages.

LE JURY ARRÊTE qu'il sera fait mention honorable de

Mentions honorables.

134. MM. VIGNOLET frères, et LEROI, d'Orléans,

Qui ont présenté de beaux cordages, fabriqués par des mécaniques qu'ils annoncent leur être particulières.

135. M. RUEL, de Nantes,

136. M. HORTIEZ, de Nantes,

137. M. DUBOIS, de Saint-Servan, département d'Ille-et-Vilaine,

Qui ont envoyé à l'exposition, des cordages pour la marine, très-bien fabriqués.

SECTION 3.

Sangles.

138. M. PIHAN père, de Lieurey, département de l'Eure,

139. M. PIHAN fils, demeurant à Paris,

Sont mentionnés honorablement pour la bonne fabrication de leurs sangles et surfaix. Ils méritèrent déjà cette distinction en l'an 9, et n'ont pas cessé d'en être dignes.

SECTION 4.

Toiles à voiles.

UNE amélioration qui peut avoir des conséquences importantes, a été introduite dans la fabrication des toiles à voiles par M. *Quéval*, de Fécamp. Quoique cette amélioration n'ait pas encore été appliquée avec tout le développement dont elle est susceptible,

le jury a cru devoir la désigner d'une manière particulière à l'attention publique ; ce cas excepté, on
n'a pas jugé nécessaire de décerner des médailles
pour la fabrication des toiles à voiles : non que le
jury ait été mécontent des toiles de ce genre
qui ont été envoyées à l'exposition de 1806 ; au
contraire, il en a vu une grande quantité de très-
bonnes et de très-bien fabriquées : mais il a considéré
qu'elles ont été faites par des moyens connus depuis
long-temps, et qu'il n'est arrivé dans la fabrication
aucun changement notable qui l'ait rendue plus
parfaite ou plus économique. En conséquence, le
jury a résolu de se borner à rappeler les noms des
fabricans qui, ayant obtenu des distinctions aux
expositions précédentes, ont reparu à celle-ci, et
à mentionner d'autres fabricans dont les productions
lui ont paru trop belles pour pouvoir être passées
sous silence.

140. M. GOUNON (Auguste), d'Agen,

141. MM. SOLLIER et DELARUE, de la
    Piltière, près Rennes,

Sont toujours dignes de la médaille de bronze
qu'ils ont méritée à l'exposition de l'an 10.

142. MM. QUÉVAL (Charles) et com-

Médailles
d'Argent,
2.ᵉ classe.

pagnie , de Fécamp, département de la
Seine-inférieure ,

Ont envoyé des échantillons de toile à voile et
de toile commune, de la largeur de trois à quatre
mètres , tissées sur des métiers d'une composition
simple et solide, mis en mouvement par un manége.
Ces métiers sont disposés de manière que le même
fil de trame reçoit deux ou trois coups de chasse
à volonté, suivant que le tissu doit être plus ou
moins serré.

Au moyen de ces machines, M. *Quéval* est parvenu
à tisser, par jour, dix mètres de toile à voile, au
lieu de six qu'un bon ouvrier peut faire en même
temps par le procédé ordinaire.

Le jury décerne à MM. *Quéval* et compagnie
une médaille d'argent de 2.ᵉ classe.

143. M.ᵐᵉ veuve SAINT-MARC, de Rennes,
Mentionnée honorablement en l'an 10.

144. M. GAU, de Strasbourg,

145. MM. JOUBERT et BONNAIRE, d'Angers,

Ont présenté en 1806, des toiles à voiles de
différens échantillons, qui auraient concouru pour
les médailles, si le jury en avait décerné pour cette
partie.

SECTION 5.

Toiles de corps et de ménage.

LES toiles forment depuis long-temps une des parties importantes du commerce de la France ; nos toiles fines sont recherchées dans toute l'Europe et en Amérique.

Nos toiles communes, dont une partie passe aussi à l'étranger, sont l'objet d'une consommation intérieure immense : elles sont l'ouvrage des habitans de la campagne ; leur fabrication s'allie avec les travaux de la terre ; la filature et le tissage du chanvre et du lin remplissent les momens que l'agriculture laisse sans emploi. On reconnaît généralement une bonne fabrication dans les échantillons qui ont été mis à l'exposition.

Le jury a examiné, avec beaucoup d'intérêt, les diverses sortes de toiles envoyées par un grand nombre de départemens.

Les toiles connues sous le nom de *Flandre*, de *Courtrai*, &c. n'ont pas dégénéré ; celles qu'on a vues à l'exposition, sont d'une grande finesse et d'un blanc parfait.

Les toiles de QUINTIN, département des Côtes-du-Nord, se soutiennent également par une fabrication solide et agréable.

Médailles
d'Argent,
2.ᵉ classe. De nombreux échantillons, ou plutôt des pièces des fabriques de LAVAL, de MAYENNE et de CHÂ-TEAU-GONTHIER, département de la Mayenne, avaient tous les caractères d'une fabrication soignée.

Les toiles dites d'*Alençon*, les toiles dites *cretonnes*, du département de l'Orne, et celles de Lisieux, département du Calvados, continuent d'être bien fabriquées, et de mériter le succès qu'elles obtiennent dans le commerce.

146. M. BOUAN, de Quintin, département des Côtes-du-Nord,

A présenté cette année des toiles qui ne le cèdent en rien à celles qui lui méritèrent une médaille de bronze à l'exposition de l'an 10.

147. M. MAHIEUX, de Rue-Saint-Pierre, département de l'Oise,

A exposé des toiles de Bulles, dites *demi-Hollande*, d'une très-belle qualité : ce fabricant obtint une médaille de bronze à l'exposition de l'an 10, et il s'en montre toujours digne.

---

148. M. GUYARD (Benjamin), de Laval,

Mentions
honorables. A soutenu sa fabrication au degré de bonté qui le fit mentionner honorablement en l'an 10.

LE

Le jury arrête qu'il sera fait mention honorable des fabricans dont les noms suivent :

149. M. Ridel-Beaupré, de Crouptes, département de l'Orne,

150. MM. Hébert, (Jacques), Yver, P. Poussin, de Vimoûtiers, département de l'Orne,
Pour la bonne qualité de leurs toiles cretonnes.

151. MM. Laveille frères, d'Alençon,
Pour la bonne qualité de leurs toiles d'Alençon.

152. M. Quesnay, de Lisieux, département du Calvados,

153. M. Dubois, de Lisieux,

154. M. Benard, de Lisieux,
Pour la bonne qualité de leurs toiles cretonnes.

155. M. Bohain (Louis), de Quintin, département des Côtes-du-Nord,

156. M. Bodin, de Quintin,

157. M. Boutier, de Quintin,
Pour les toiles blondes et écrues qu'ils ont exposées, et qui sont parfaitement fabriquées.

D

158. M. Savary (Charles), de Coutances, département de la Manche,

Qui a exposé une toile écrue de sa fabrication, remarquable par la régularité du tissage.

159. M. Benoitte-Desvalettes, de Mayenne,

160. MM. Lesegretain, Dupatis frères, de Laval.

161. M. Clavreuil, de Château-Gonthier,

Pour la bonne qualité de leurs toiles dites *de Laval.*

Le jury arrête que les toiles dont les désignations suivent, seront citées au procès-verbal :

162. Les toiles de Voiron, département de l'Isère,

Présentées par M. Jean-Benoît Tivolier, au nom de tous les fabricans de Voiron.

163. Les toiles de l'arrondissement de Vitré, département d'Ille-et-Vilaine,

164. Les toiles de Saint-James, département de la Manche, dites *de brin, haut brin, reparon et Saint-George,*

Présentées par M. Ménard, principal fabricant.

165. Les toiles des ÉCHELLES, département
du Mont-Blanc.

166. Les toiles de SAINT - RAMBERT, département de l'Ain,

Présentées par M. Joseph LEMPEREUR de Teney.

167. Les toiles de VERVINS, département de l'Aisne,

Présentées par M. VERMONT, de Plomion.

168. Les toiles du département de l'Escaut,

Présentées par MM. GRENIER-VAMBERSIC, Nicolas FLEURY et compagnie, et François VERHEIGHEN.

———————

LE JURY ARRÊTE qu'il sera fait mention honorable

169. Des coutils de TURNHOUT, département des Deux-Nèthes,

Qui joignent la finesse à la solidité.

170. Des coutils de CANISY, département de la Manche.

Le jury voit avec satisfaction qu'ils sont fabriqués avec soin, et que, loin de déchoir, leur qualité s'améliore sensiblement.

171. Des coutils d'ÉVREUX.

Le jury témoigne sa satisfaction aux fabricans de cette ville, de la bonté de leur travail.

M. BUZOT-DUBOURG, l'un d'eux, obtint nominativement une mention honorable en l'an 9; le jury trouve qu'il en est toujours digne.

SECTION 6.

Batistes et Linons.

LES fabricans des arrondissemens de SAINT-QUENTIN, département de l'Aisne, CAMBRAI et VALENCIENNES, département du Nord, ont envoyé, soit en blanc, soit en écru, des pièces de batiste et des pièces de linon de la plus grande beauté, qui prouvent que la perfection de ces fabriques renommées se maintient toujours, et que leurs assortissemens sont complets. Dans un genre établi depuis plusieurs générations, tous les fabricans travaillent à-peu-près également bien, et il n'est pas possible de trouver des différences assez saillantes pour motiver des distinctions qui sembleraient assigner une supériorité marquée d'un fabricant sur les autres; cependant le jury a cru devoir faire mention honorable des fabricans dont les noms suivent :

172. MM. MESTIVIER et HAUNOIR ; de Valenciennes,

Qui furent mentionnés honorablement en l'an 10, et qui ont reparu en 1806 avec de nouveaux titres à cette distinction.

173. M. SCRIBE-BROHON, de Valenciennes.

174. M. DUQUÊNE (Antoine), de Valenciennes.

175. M. FIZEAUX, de Valenciennes.

176. M. DRIBOIS - FOURNIÈS, de Valenciennes.

177. M. LAPLACE (Antoine), de Valenciennes.

SECTION 7.

Rubans de Fil.

178. M. BONNIÈRE (Michel), de Bournainville, département de l'Eure,

Fut mentionné honorablement en l'an 10, pour la bonne qualité de ses rubans de fil : il continue d'être digne de cette distinction.

CHAPITRE 7.

CÔTON.

SECTION I.

Coup-d'œil général.

Il s'est fait une amélioration très-sensible dans la fabrication du coton depuis la dernière exposition.

Les filatures se sont multipliées, les manufactures de basin et de piqué se sont étendues; les étoffes de ce genre qui ont été présentées à l'exposition, sont généralement plus régulièrement fabriquées et mieux apprêtées. Le public, qui les a examinées avec intérêt, a pu se convaincre de leurs belles qualités; il est douteux que l'on fabrique mieux en aucun pays du monde.

A l'époque de l'an 10, la fabrication de la mousseline était si peu avancée en France, qu'il n'en parut à l'exposition qu'une seule pièce digne d'être distinguée; il arriva même que le jury n'eut pas assez de confiance dans son origine pour en parler: aujourd'hui cette partie se présente sous l'aspect le plus prospère; la fabrique de TARARE produit en grande quantité des mousselines très-belles; dans le seul arrondissement de SAINT-QUENTIN, huit mille métiers sont en activité tant pour fabriquer des basins que pour faire des mousselines ou des perkales et des calicots, deux genres de tissus qui ne diffèrent de la mousseline qu'en ce que les fils qu'on y emploie sont d'un moindre degré de finesse : cet arrondissement peut produire, à lui seul, près de trois cent mille pièces par an.

Les calicots français commencent à devenir si abondans, et sont si bien fabriqués, que les manufactures de toiles peintes n'auront plus à regretter les calicots anglais. Le chef d'une célèbre manufacture de toiles peintes, dont le témoignage est infiniment respectable, nous a assuré que, pour l'emploi dans ses ateliers, et pour le bon usage, les calicots français vont de pair avec ceux d'Angleterre, et que les acheteurs les plus exercés et les plus difficiles, ne sauraient y apercevoir de différences qui soient au désavantage des nôtres.

La fabrication des velours de coton est également dans une situation heureuse.

De tous côtés il s'établit des fabriques de nankin, qui donnent lieu d'espérer que cette étoffe, d'une consommation populaire, et par conséquent très-étendue, pourra un jour nous être entièrement fournie par le travail de nos compatriotes.

Les manufactures de coton forment donc, dès à présent, une branche très-importante de l'industrie française; elles occupent une grande place dans notre commerce : elles nous affranchissent d'un tribut que nous avons payé jusqu'ici à une nation rivale; sous tous les rapports, elles sont dignes de la protection du Gouvernement.

Il a paru convenable au jury de jeter ce coup-d'œil général sur la situation des diverses industries qui façonnent le coton, avant d'entreprendre le compte détaillé des motifs qui ont déterminé ses décisions dans cette partie, compte dont il est temps de s'occuper.

SECTION 2.

Filature.

LES nombreux échantillons de coton filé qui ont été soumis à l'examen du jury, lui ont donné la certitude que l'art de filer le coton, soit en filature continue, soit au mull-Jenny, est parfaitement établi en France. Nous avons un grand nombre d'établissemens qui rivalisent entre eux et qui se perfectionnent tous les jours; mais le jury a remarqué que la plupart de ces établissemens se tiennent au-dessous du n.º 60, et que c'est dans cette limite que la perfection de la filature est plus marquée : cependant les manufactures de mousseline de TARARE et celles de SAINT-QUENTIN offrent aux fils fins un débouché important, d'où il est à souhaiter que nos fileurs

puissent exclure les étrangers. Le jury ne perd pas
de vue qu'il est un grand nombre de fabriques de
tissage qui demandent une filature moins fine, et
que le fileur doit régler son numéro sur les demandes
qui lui sont faites ; mais, avec de l'industrie et de
l'activité, tous les besoins peuvent être conciliés. Des
échantillons de fils fins qui ont été envoyés en assez
grand nombre à l'exposition, donnent des motifs
raisonnables d'espérer que les profits de la filature
en fin seront aussi, avant peu d'années, une portion
du patrimoine de l'industrie française. Le jury a considéré de plus que l'on ne pouvait perfectionner la
lature en fin sans perfectionner la filature en gros ;
a pensé, en conséquence, qu'il fallait désormais
rter les encouragemens et les récompenses sur la
ature en fin, en prenant les précautions convenables
ur exclure du concours les échantillons faits par
traordinaire pour l'exposition, et n'y admettre que
produits d'une fabrication courante et habituelle.

Le jury saisit cette occasion d'exprimer son vœu
ur la nécessité de faire disparaître la variété et
incertitude qui existent dans la valeur du *numéro*
cotons filés.

Quelques fabriques emploient le numéro anglais,
sieurs font usage d'un numéro dérivé de l'ancienne
e française, d'autres ont établi leur numéro d'après
mètre ; cette diversité produit de la confusion

et souvent des fraudes dans le commerce des fils: il est desirable que le Gouvernement intervienne pour établir à cet égard une règle uniforme.

Médailles d'Or.

179. MM. DÉLAÎTRE, NOEL et compagnie, entrepreneurs de la filature de l'Épine près d'Arpajon.

Cette filature obtint, en l'an 9, une médaille d'or; elle fut citée, à l'exposition de l'an 10, comme étant toujours digne de cette distinction : les fils qu'elle a présentés cette année, prouvent qu'elle soutient parfaitement sa réputation.

Médailles d'Argent, 1.re classe.

180. MM. LEMAÎTRE et fils, de Bolbec-Lillebonne, département de la Seine-inférieure,

Ont présenté des cotons filés dignes des suffrages du jury et de la réputation que ces fabricans ont acquise à l'exposition de l'an 10, où ils obtinrent une médaille d'argent.

181. MM. TIBERGHIEN (Charles) et compagnie, entrepreneurs de la filature de Saint-Denis près Mons, département de Jemmape.

La filature de S.-Denis est très-considérable : ses

métiers à filer ont été confectionnés par M. *Farrar*, constructeur de machines à Mons, qui remporta le prix au concours ouvert, en l'an 10, par le Gouvernement, pour les meilleures machines à filer le coton.

Cet établissement a présenté de la filature en fin parfaitement belle.

Le jury décerne aux entrepreneurs une médaille d'argent de 1.re classe.

Médailles d'Argent, 1.re classe.

---

182. M. DAMBORGES, de Lescar, département des Basses-Pyrénées.

Médailles d'Argent, 2.e classe.

Cet entrepreneur a succédé à M. *Linard*, qui obtint, en l'an 10, une médaille de bronze équivalente à une médaille d'argent de 2.e classe. Les fils envoyés par M. *Damborges* prouvent que l'établissement ne déchoit point entre ses mains.

183. M. DELADERRIERE-DUBOIS, à Arras;

A qui une médaille de bronze équivalente à une médaille d'argent de 2.e classe fut décernée en l'an 10, a présenté cette année des cotons filés, que le jury a vus avec satisfaction, comme répondant à l'idée que le public a dû se former de l'industrie de M. *Deladerrière-Dubois*, d'après la distinction qu'il a obtenue.

184. MM. LECLERE père et fils, de Brive-la-Gaillarde, département de la Corrèze.

Les fils envoyés par ces entrepreneurs ont été trouvés très-bons.

Le jury leur décerne une médaille d'argent de 2.ᵉ classe.

---

185. GONNEVILLE (la filature de), près Valogne, département de la Manche,

Qui fut honorablement mentionnée en l'an 10, a envoyé, cette année, des cotons très-bien filés, que le jury a vus avec satisfaction.

186. M. RAULIN, de S.ᵗ-Gilles près Darnetal, département de la Seine-inférieure,

Fut mentionné honorablement en l'an 9, pour ses fils de coton ; il mérite de l'être encore cette année.

187. M. ACHARD, entrepreneur de filature à Valence.

Il fut fait mention honorable de ce fabricant en l'an 10 ; et, sous tous les rapports, ses cotons filés méritent encore cet honneur en 1806.

LE JURY ARRÊTE qu'il sera fait mention honorable des cotons filés envoyés par les fabriques dont la désignation suit :

188. Les filatures de ROUEN, DESVILLE, DARNETAL, LESCURE, HOULME, PETIT-COURONNE, LILLEBONNE et MALAUNAY, département de la Seine-inférieure.

189. Les filatures de LOUVIERS, d'ÉVREUX, de VERNON, de PONT-AUDEMER, des AN-DELYS, d'IVRY-LA-BATAILLE, de FONTAINE-GUÉRARD, de BROSVILLE, d'INCARVILLE, de S.ᵗ-PIERRE-DE-VAUVRAY, et de BRIONNE, département de l'Eure.

190. Les filatures de PARIS et de VERSAILLES.

191. Les filatures de SAINT-QUENTIN, département de l'Aisne.

192. Les filatures de LIANCOURT, de SEN-LIS et de BEAUPRÉ, département de l'Oise.

193. Les filatures de TOULOUSE.

194. Les filatures de ROANNE et de CHAR-LIEU, département de la Loire.

195. Les filatures de WESSERLING et de BOLWILLER, département du Haut-Rhin.

196. Les filatures d'ARRAS et d'AVESNES, département du Pas-de-Calais.

197. Les filatures de VALENCIENNES, de ROUBAIX, de TURCOING, de DOUAI, d'HOUPLINES, de CAMBRAI, de COMMINES, département du Nord.

198. Les filatures d'AMIENS et de SALEUX, département de la Somme (1).

SECTION 3.

Mousselines, Perkales, Calicots.

199. MM. PLUVINAGE et ARPIN, de Saint-Quentin, département de l'Aisne.

Ces fabricans ont envoyé des calicots, des perkales et des mousselines d'une grande beauté : l'attention du jury s'est particulièrement fixée sur les mousselines, dont la bonne fabrication présente plus de difficultés, et suppose d'ailleurs l'art de bien travailler la perkale et le calicot. Il n'a eu que des éloges à donner aux mousselines de MM. *Pluvinage* et *Arpin ;* il en a trouvé le tissu très-régulier et très-fin, et le coup-d'œil agréable.

Le jury décerne à MM. *Pluvinage* et *Arpin* une médaille d'or.

---

(1) *Voyez* la Notice publiée par ordre du Ministre de l'intérieur, aux articles des départemens respectifs.

200. MM. MATAGRIN aîné et compagnie, **Médailles d'Or.**
de Tarare, département du Rhône,

Ont envoyé des mousselines d'une finesse et d'une beauté de tissu remarquables. La fabrique de Tarare est ancienne : le jury aura encore occasion de signaler ses succès ; il voit avec une véritable satisfaction qu'elle s'est mise au niveau des fabriques de mousseline les plus renommées en Europe, et il s'empresse de décerner à MM. *Matagrin* aîné et compagnie une médaille d'or.

———————

201. M. MARIEZ-BIGARD, de Tarare. **Médailles d'Argent, 1.re classe.**

Ses mousselines ont été trouvées belles, de bonne qualité, et soigneusement fabriquées.

Le jury le juge digne d'une médaille d'argent de 1.re classe.

202. MM. SAMUEL et JOLY, de Saint-Quentin,

Ont présenté des calicots et des perkales d'une belle fabrication : ils ont aussi envoyé de très-beaux basins.

Le jury les juge dignes d'une médaille d'argent de 1.re classe.

203. MM. DUPORT et JOURDAN, de Lyon, fabricans à Tarare,

Ont adressé des mousselines d'une grande beauté.

Le jury les juge dignes d'une médaille d'argent de 1.re classe.

204. MM. MASSEY-FLEURY, PATTE et FATON, d'Amiens,

Ont envoyé des calicots de très-bonne qualité pour l'impression.

Le jury les juge dignes d'une médaille d'argent de 1.re classe.

———————

Mentions honorables. Il a été ARRÊTÉ PAR LE JURY, qu'il serait fait mention honorable des fabricans dont les noms suivent :

205. M. LEMERCIER-PAILLETTE, de Saint-Quentin,

Pour ses belles mousselines.

206. M. DEFRANC, de Tarare,

Pour ses belles mousselines.

207. M. DUBOSCQ-RIGAUT, de Saint-Quentin,

208. M. GRÉGOIRE, de Saint-Quentin,

Pour leurs perkales et leurs calicots.

209. M. Gros-Davillers, de Wesserling, département du Haut-Rhin,

A cause de ses calicots pour l'impression.

Ce fabricant imprime lui-même les calicots qu'il fabrique, et ses impressions sont d'une grande perfection.

210. M. Gerard, de Paris, rue de la Boucherie, n.º 23,

Pour ses mousselines.

> *Nota.* Ce fabricant a aussi exposé de bonnes couvertures.

211. M. Marmot, de Nancy,

Pour ses calicots.

SECTION 4.
Basins et Piqués.

212. M. Richard, rue de Charonne, Médailles n.º 95, à Paris, d'Or.

Propriétaire de filatures et de fabriques d'étoffes de coton à Paris, à Saint-Quentin, à Alençon et à Séez.

Ce fabricant, alors associé avec feu Noir-Dufrène, obtint, en l'an 9, une médaille d'argent, et, en l'an 10, une médaille d'or, pour ses basins et ses piqués; il a présenté à l'exposition de 1806 des tissus de coton de toute espèce : le jury se plaît à déclarer qu'il a trouvé ses étoffes très-belles, que les piqués et les basins lui ont sur-tout paru de la première beauté, et qu'il aurait regardé comme un devoir de décerner à ce fabricant une médaille d'or, s'il ne l'avait pas déjà obtenue pour le même objet.

213. MM. TIBERGHIEN frères et compagnie, à Heylissem près Tirlemont, département de la Dyle,

Ont présenté des basins et des services de table très-agréablement fabriqués.

Les basins sont de la plus belle qualité, à des prix modérés, et propres à soutenir avec avantage la concurrence des manufactures étrangères.

Le jury leur décerne une médaille d'or.

214. M. PATUREAU, de Troyes,

A envoyé des coupons de basin, qui prouvent que ce fabricant n'a pas cessé d'être digne de la médaille d'argent qui lui fut décernée en l'an 9, et qu'il mérite les éloges que lui donna le jury de l'an 10, sur ses connaissances dans l'art de fabriquer le basin.

215. M. LEHOULT, de Versailles, ayant

son dépôt à Paris, rue des Filles-Saint-Thomas, n.º 13,

A présenté des basins et des piqués très-beaux, avec des perkales et des calicots fabriqués avec soin.

M. *Lehoult* est également distingué comme fileur.

Le jury le juge digne d'une médaille d'argent de 1.re classe.

---

216. M. Huot, de Troyes,

Fut jugé digne, en l'an 10, de la médaille de bronze : les basins, les piqués et les calicots qu'il a envoyés cette année, prouvent qu'il a conservé tous ses titres à cette distinction.

SECTION 5.

Nankins.

217. M. Bucher, de Strasbourg,

A exposé des nankins dont le tissu est parfaitement soigné, la nuance semblable à celle du nankin des Indes, et le teint d'une solidité constatée par des épreuves concluantes.

Le jury lui décerne une médaille d'argent de 1.re classe.

---

218. M. DECRESMES (Alexandre), de Roubaix, département du Nord.

Il obtint, en l'an 10, une médaille de bronze équivalente à la médaille d'argent de 2.ᵉ classe; il a envoyé cette année des nankins, des nankinets, et des échantillons d'une étoffe de coton qu'il a nouvellement inventée ; ces ouvrages seraient des titres suffisans pour lui faire décerner la médaille d'argent de 2.ᵉ classe, s'il ne l'avait déjà obtenue.

———

219. Les nankins exposés par M. MESSIAT (Hubert) fils, M.ˡˡᵉ SONTHONAX (Denise) et M. VUARIN (Maurice), de Nantua, département de l'Ain,

Qui furent honorablement mentionnés en l'an 9; et ceux qui ont été présentés par

220. M. DESPEAUX, de Rouen,

221. M. NICOLE, de Rouen,

Qui furent honorablement mentionnés en l'an 10, Ont été vus avec intérêt et satisfaction par le jury.

LE JURY ARRÊTE qu'il sera fait mention honorable des nankins envoyés à l'exposition de 1806,

222. Par les fabricans de ROUEN,

223. Par ceux de ROUBAIX, de TOURCOING, Mentions honorables.
de LAUNOY, d'ARMENTIÈRES, d'HALLUIN,
de COMMINES, de VALENCIENNES, de
VAUCELLES et de CAMBRAI, dans le département du Nord;

224. Par ceux de NANTUA, département
de l'Ain;

225. Par ceux de NEUSS, département de
la Roer;

226. Par ceux de LOUVIERS, département
de l'Eure, et par la nouvelle fabrique
établie à FEUGEROLLES-SUR-ORNE, près
Caen, département du Calvados.

SECTION 6.

Mouchoirs, façon des Indes.

LE JURY ARRÊTE qu'il sera fait mention honorable des fabricans dont les noms suivent:

227. MM. MOREAU frères, d'Angers,

228. M.me DELAUNAY, d'Angers,

229. M. TERRIEN-CESBRON, d'Angers,

230. M. Tharreau, de Chollet,

Pour avoir fabriqué des mouchoirs façon des Indes, de la plus grande finesse et de belle couleur, pouvant rivaliser avec ce que l'Angleterre et l'Inde ont fourni de plus beau.

SECTION 7.

Velours,

Médailles d'Or.

231. MM. Morgan et Delahaye, d'Amiens,

232. MM. Godet et de l'Épine, de Rouen,

Qui obtinrent une médaille d'or pour la bonne fabrication de leurs velours, en ont exposé cette année qui ne sont pas moins bien fabriqués.

233. M. Sevenne (Édouard), fabricant au faubourg Saint-Sever, à Rouen,

A exposé des velours de coton en toutes couleurs, de la première beauté.

Ce fabricant, qui réunit divers genres d'industrie, a aussi exposé des piqués et des basins très-beaux et d'une fabrication parfaite.

Le jury le juge digne de la médaille d'or.

Nota. M. *Sevenne* emploie dans sa fabrique la double navette volante, dont il est l'inventeur.

234. MM. François DEBRAY et compagnie, d'Amiens.

Le jury a vu avec satisfaction les velours qu'ils ont présentés à l'exposition ; il les a jugés dignes d'une médaille d'argent de 1.re classe.

SECTION 8.

Couvertures.

235. M. PUJOL, de Saint-Dié, département de Loir-et-Cher.

La beauté de ses couvertures de coton lui valut, en l'an 10, une médaille d'argent. Les produits que M. *Pujol* a exposés cette année, prouvent qu'il maintient sa fabrication au degré de perfection où elle était parvenue lorsqu'il obtint cette médaille.

LE JURY ARRÊTE qu'il sera fait mention honorable de

Mentions honorables.

236. MM. THIBAUT, JUVANON et BASSE-COURT, de Mâcon, département de Saone-et-Loire,

237. M. CAZALS, de Toulouse,

238. MM. TOUTAIN père et fils, de Sainte-Opportune-du-Bosc, départem. de l'Eure,

Qui ont envoyé des couvertures de coton d'une très-bonne fabrication ;

239. M. ROGUINOT, rue Saint-Victor, n.º 16, à Paris,

240. M. MASSEL, rue du Petit-Pont, n.º 22, à Paris,

Qui fabriquent également bien les couvertures de coton et celles de laine.

CHAPITRE 8.

BONNETERIE.

SECTION I.

Soie.

LA fabrique des bas de soie est depuis long-temps établie dans les départemens méridionaux ; elle jouit à juste titre de beaucoup d'estime. On a vu à l'exposition, des bas de soie très - beaux ; mais cette partie ne présente pas de perfectionnement notable depuis la dernière exposition. *Mentions honorables.*

Le jury n'a pas observé des différences très-marquées entre les qualités des bas de soie qui ont été présentés ; c'est pourquoi il se bornera à citer ceux qui ont été fabriqués,

241. A NÎMES, au VIGAN , à ANDUSE , à ALAIS, à SAINT-JEAN-DU-GARD, à SAINT-HIPPOLYTE, département du Gard ;

242. A GANGES, département de l'Hérault (1).

(1) *Voyez* la Notice, pour le Gard, *page 91 ;* et pour l'Hérault, *page 105.*

SECTION 2.

Coton.

LA bonneterie de coton a fait des progrès sensibles : de toutes parts on a présenté des bas de coton de la plus grande beauté, exécutés avec un soin et une élégance qu'on ne connaissait pas autrefois ; il est aujourd'hui prouvé par le fait, que dans ce genre, comme dans celui des tissus, nos fabricans peuvent égaler les fabricans anglais.

Médailles d'Argent, 1.re classe.

243. M. LENFUMEY-CAMUSAT, de Troyes,

Soutient à des prix modérés la concurrence avec ce qui se fait de plus beau en bas de coton : il obtint en l'an 10 la médaille d'argent ; et le jury la lui aurait décernée cette année, s'il ne s'était pas fait la règle de ne point la donner deux fois à un manufacturier pour le même objet.

244. La manufacture de GRILLON, près Dourdan,

A présenté des bas d'une grande finesse, et fabriqués dans la perfection.

Le jury ne peut qu'applaudir à la décision qui décerna une médaille d'argent à cette manufacture en l'an 10.

245. MM. Coutan et Couture, place du Chevalier-du-Guet, à Paris,

Ont présenté divers ouvrages fabriqués avec beaucoup de soin, et qui réunissent toutes les qualités desirables : ces habiles fabricans ont beaucoup contribué, par d'heureuses innovations, aux progrès que la bonneterie de coton a faits en France ; la fabrication du tulle leur doit aussi quelques perfectionnemens.

Le jury s'applaudit d'avoir à rendre témoignage au talent de M. *Coutan*, qui obtint, dès l'an 9, la médaille d'argent de deuxième classe.

———

Le jury arrête qu'il sera fait mention honorable de la bonneterie présentée par les fabriques et les fabricans dont les noms suivent :

246. Fabrique de bas de Liancourt.

Cette manufacture a présenté des bas de diverses qualités, tous très-bien faits.

Son dépôt est place du Chevalier-du-Guet, chez MM. *Coutan* et *Couture*, associés de la fabrique.

Nota. La bonneterie n'est pas le seul genre de fabrication établi à Liancourt ; il s'y est formé, par les soins de M. *de la Rochefoucault*, une filature, une manufacture de calicots et une fabrique de cardes. Tous les objets qui en sortent sont d'excellente qualité; et, sous tous les rapports et dans tous les genres, les établissemens de Liancourt méritent la confiance et l'estime publiques.

247. M. Énos, de Rouen,

Qui a présenté des bas blancs d'une belle qualité, et des bas chinés avec goût, d'une grande finesse et d'un prix modéré.

248. M. Aigoin, de Nîmes,

Qui a envoyé des bas très-fins, d'un blanc parfait et d'un prix modéré.

249. M. Judson, de Bruxelles,
Pour des bas à côtes très-beaux.

250. M. Forcht, de Strasbourg,
Pour des bas très-beaux.

251. La fabrique de Châlons-sur-Marne,

Qui a envoyé des bas dans les qualités communes, et des essais dans le très-fin, qui annoncent l'activité et la bonté de cette fabrique.

SECTION 3.

Fil.

La bonneterie de fil se soutient, sans faire de progrès remarquables.

252. M. Detrey, de Besançon,

Qui obtint une médaille d'argent en l'an 9, pour Mentions
avoir fabriqué avec succès de la bonne bonneterie honorables.
de fil, en a présenté cette année qui jouit des mêmes
qualités.

253. Mme LEGRAND, de Saint-Just-en-
Chaussée, département de l'Oise,

A présenté des bas faits avec autant de soin que
ceux qui, en l'an 10, lui firent décerner une médaille de bronze.

SECTION 4.

Laine.

254. M. BOITEUX, rue du Brave, au bas
de la rue de Tournon, à Paris,

A présenté des tricots bien fabriqués, dont le
revers est garni de laine en forme de toison.

CHAPITRE 9.

TISSUS IMITANT LA PEINTURE.

SECTION I.

Tableaux en velours.

Médailles d'Argent, 1.re classe. **255. M. GRÉGOIRE**, rue de Charonne, hôtel Vaucanson, à Paris,

Est parvenu à tisser des tableaux en velours, avec une correction et une perfection qu'il ne paraissait pas possible d'atteindre. L'imitation est plus parfaite que dans aucune autre espèce de tissu connu; et cependant la fabrication s'exécute avec plus de promptitude.

Le jury a considéré que ce nouvel art, mis en manufacture, pourrait donner des produits qui serviraient de base à un commerce intéressant, et il a décerné à M. *Grégoire* une médaille d'argent de 1.re classe.

SECTION 2.

Tapis et Moquettes.

AVANT d'énoncer les jugemens qu'il a portés dans cette partie, le jury croit devoir prévenir qu'il

considère le choix du dessin comme une circonstance importante dans la fabrication des tapis. La
solidité de l'étoffe et la fixité des couleurs sont, à
la vérité, des conditions essentielles et fondamen-
tales; mais on a, pour les obtenir, des procédés
de fabrication et de teinture très-connus et d'une
réussite assurée : aussi la solidité de l'étoffe et des couleurs sont-elles des qualités plus communes dans les
tapis, qu'un bon dessin; c'est pourquoi l'idée qu'on
se forme du mérite d'un tapis, dépend beaucoup
du goût plus ou moins pur avec lequel il est
dessiné.

---

256. MM. PIAT, LEFEBVRE et fils, fabri-
cans de tapis, à Tournai.

Les tapis de diverses dimensions exposés par ces
manufacturiers, sont fabriqués solidement et avec
soin; ils sont sur-tout remarquables par la perfection
du dessin.

MM. *Piat, Lefebvre* et fils, ont de plus le mérite
d'avoir perfectionné la fabrication, en introduisant
dans leurs ateliers une méthode et une division de
travail qui leur permettent de baisser les prix sans
baisser les qualités.

Le jury leur décerne une médaille d'or.

Médailles
d'Argent,
1.re classe.

257. MM. ROGIER et SALENDROUSE, fabricans de tapis, rue des Vieilles-Audriettes,
  n.º 12, à Paris,

Obtinrent une médaille d'argent en l'an 10. Le
jury a vu avec satisfaction les productions qu'ils ont
exposées cette année. L'étoffe de leurs tapis est
très-bonne; un perfectionnement sensible se fait
remarquer dans les dessins.

Sous tous les rapports, MM. *Rogier* et *Salendrouse*
continuent à être dignes de la médaille qu'ils ont
déjà obtenue.

———————

Médailles
d'Argent,
2.e classe.

258. M. HECQUET-D'ORVAL, d'Abbeville,
  département de la Somme.

Les moquettes présentées cette année par M. *Hec-*
quet sont tout-à-fait dignes de la réputation de cette
fabrique ancienne et estimée.

Le jury se plaît à déclarer qu'elle soutient ses moquettes et ses velours de laine au degré de bonté qui
lui mérita, en l'an 10, une médaille de bronze.

LE JURY ARRÊTE qu'il sera fait mention honorable,

259. Des tapis et échantillons de tapis
  fabriqués par la manufacture de BEAUVAIS.

Nota. Cette manufacture, qu'il ne faut pas con-
fondre avec la manufacture impériale, a été établie
par des sociétaires particuliers.

CHAP. 10.

CHAPITRE 10.

PAPETERIES.

SECTION I.

Papiers.

L'ART de la papeterie est dans un état progressif d'amélioration. Le jury a trouvé à tous les papiers présentés en 1806, une supériorité marquée sur les papiers de même dénomination qui parurent à l'exposition de l'an 10 : il invite les fabricans à persévérer dans cette noble émulation ; ils ne tarderont pas à placer, sous ce rapport la France au degré de prééminence que lui promettent l'abondance et la bonne qualité de ses matières premières.

260. MM. MONTGOLFIER et CANSON, d'Annonay, département de l'Ardèche. *Médaille d'Or.*

Ces fabricans furent jugés dignes d'une médaille d'or à l'exposition de l'an 9 : ils ne concoururent point à l'exposition suivante ; mais ils ont reparu à celle de 1806 avec de nouveaux titres aux éloges du jury : ils ont exposé des papiers vélins de la plus grande beauté, supérieurs de toutes manières à ceux qui leur méritèrent la médaille d'or en l'an 9.

F

261. M. JOHANNOT, d'Annonay, département de l'Ardèche,

Obtint une médaille d'argent en l'an 9, et une médaille d'or en l'an 10 ; il a présenté cette année de fort beaux papiers vélins, qui prouvent que sa fabrication s'est singulièrement perfectionnée.

---

262. M. TREMEAU-ROCHEBRUNE, de Nersac près Angoulême.

263. M. HENRI VILLARMAIN, de la Courade près Angoulême.

Les papiers de ces deux fabricans furent jugés dignes, en l'an 10, d'une médaille d'argent ; ceux qu'ils ont exposés en 1806, sont supérieurs.

Le jury ne balancerait pas à décerner à ces deux fabricans la médaille d'argent, si déjà ils ne l'avaient obtenue.

264. M. LAROCHE aîné, d'Angoulême.

Ce fabricant a exposé de très-beaux papiers.

Le jury lui décerne une médaille d'argent de 1.re classe.

---

265 M. LEORIER DE LILLE, à Buges près Montargis, département du Loiret.

266. M. MALMENAIDE aîné, d'Ambert, département du Puy-de-Dôme.

Médailles d'Argent, 2.ᵉ classe.

Ces manufacturiers ont présenté des papiers de bonne qualité et bien fabriqués. Le jury leur décerne à chacun une médaille d'argent de 2.ᵉ classe.

———

LE JURY ARRÊTE qu'il sera fait mention honorable des fabricans dont les noms suivent :

Mentions honorables.

267. M. LACROIX, d'Angoulême.

268. M. POUPELET, d'Angoulême.

269. M. HENRI aîné, d'Angoulême.

270. M. RABOUIN, d'Angoulême.

271. M. SETTE, d'Ardon, département du Jura.

272. M. FF. MONIER, de Sirod, département du Jura.

273. M. BROCARD, d'Épinal, département des Vosges.

274. M. KOESNÉ, de Neustadt, département du Mont-Tonnerre.

275. M. SERVES (Pierre), de Chamalières, département du Puy-de-Dôme.

276. M. LECHARTIER, de Sourdeval - la - Barre, département de la Manche.

277. M. MOREL, de Besançon.

Les papiers envoyés par ces onze fabricans sont faits avec soin, et de bonne qualité.

SECTION 2.

Cartons à presser.

LA fabrication des cartons lustrés propres à presser les papiers, les draps et autres étoffes, est une branche d'industrie intéressante, récemment introduite en France.

278. M. GENTIL, de Vienne, département de l'Isère,

A présenté des cartons laminés de sa fabrique, qui, par leur poli et leurs autres qualités, sont comparables aux meilleurs cartons de ce genre importés de l'étranger.

Le jury lui décerne une médaille d'argent de 2.e classe.

279. M. STEINBACH, de Malmédy, département de l'Ourte,

A établi à Malmédy une fabrique de cartons à presser, très-bien conditionnés, dont les manufactures de draps font usage avec succès.

Le jury lui décerne une médaille d'argent de 2.e classe.

280. M. DOULZALS aîné, de Montauban, département du Lot,

A envoyé des cartons lustrés fabriqués par lui ; le jury les a trouvés bien faits, et a décerné à M. *Doulzals* une médaille d'argent de 2.e classe.

CHAPITRE II.

APPRÊTS ET TEINTURES.

SECTION I.

Blanchiment.

281. M. DESCROISILLES l'aîné, à Lescure près Rouen.

Le jury de l'an 10 lui décerna une médaille d'or pour avoir formé un des plus parfaits établissemens de blanchisserie Bertholléenne qui existent en France. Nous avons vu, cette année, des étoffes, de la bonneterie et du fil de coton qui avaient reçu dans cet établissement un blanc admirable : le fil, fort beau en lui-même et très-fin, provenait de la filature de M. *Pinel* de Rouen ; le blanchîment de M. *Descroisilles* n'en avait aucunement altéré la régularité et la force.

M. *Descroisilles* joint au blanchîment la fabrication de quelques produits chimiques utiles aux manufactures, et, entre autres, du muriate d'étain qu'il est parvenu à donner à très-bas prix ; plusieurs appareils de chimie applicables aux manufactures lui doivent des perfectionnemens intéressans.

Si M. *Descroisilles* n'avait pas déjà obtenu la

méda'lle d'or, le jury ne balancerait pas à la voter
pour lui.

Médaille, d'Or.

SECTION 2.

Teinture.

282. M. GONFREVILLE, de Rouen ;

Médailles d'Argent, 1.re classe.

A présenté des cotons teints en rouge des Indes ;
les nuances rouge, rose et paliacat sont belles,
éclatantes et bien nourries ; leur solidité a été constatée par des épreuves décisives.

Le jury juge M. *Gonfreville* digne d'une médaille
d'argent de 1.re classe.

———

283. M. LEFAY, de Rouen,

Médailles d'Argent. 2.e classe.

A aussi présenté des cotons teints en rouge des
Indes, dans les nuances rouge, rose et paliacat ;
les nuances sont belles et ont soutenu les épreuves
d'une manière satisfaisante.

Le jury lui décerne une médaille d'argent de
2.e classe.

SECTION 3.

Toiles peintes.

284. M. OBERKAMPF, de Jouy.

Médailles d'Or

La manufacture de toiles peintes formée à Jouy
par M. *Oberkampf*, a été en France le berceau de ce
genre d'industrie, qui satisfait à une consommation

si étendue et forme aujourd'hui une branche de commerce si importante ; M. *Oberkampf* doit en être considéré comme le fondateur parmi nous.

La manufacture de Jouy tient le premier rang par le choix des tissus, par la beauté et la solidité des couleurs, par la variété et le bon goût des dessins. C'est l'établissement qui a le plus servi à l'avancement de l'art d'imprimer les toiles.

Le jury décerne à M. *Oberkampf* une médaille d'or.

---

285. MM. HAUSSMANN frères, de Logelbach près Colmar,

Ont envoyé des toiles peintes très-agréablement composées et d'une grande richesse de couleurs.

MM. *Haussmann*, par leurs travaux chimiques, ont beaucoup contribué à l'avancement de l'art d'imprimer les toiles.

Le jury leur décerne une médaille d'argent de 1.ᶜ classe.

Le jury desire que tous les fabricans de toiles peintes de Colmar voient dans sa décision une marque de son estime pour leur industrie, dont il a vu les produits avec l'intérêt le plus vif et une parfaite satisfaction.

286. MM. DOLFUS, MIEG et compagnie, de Mulhausen.

Les toiles peintes présentées par ces fabricans sont remarquables par la beauté des couleurs et le choix des dessins ; le teint en est solide.

L'art d'imprimer des toiles doit d'ailleurs des progrès à MM. *Dolfus*, *Mieg* et compagnie.

Le jury leur décerne une médaille d'argent de 1.re classe.

Tous les fabricans de toiles peintes de Mulhausen doivent voir dans cette médaille une preuve de l'estime du jury, qui a examiné leurs productions avec soin, et les a trouvées belles, soignées, et dignes de la confiance des consommateurs.

———

LE JURY ARRÊTE qu'il sera fait mention honorable des fabricans dont les noms suivent :

287. MM. PERIER (Augustin) et compagnie, propriétaires de la manufacture de Vizille, près Grenoble,

Qui ont envoyé une grande variété de toiles peintes, de châles et de mouchoirs de coton imprimés avec goût et en bon teint.

288. M. PETIT-PIERRE, à Nantes,

Qui a envoyé des échantillons de meubles exécutés avec soin.

———

SECTION 4.

Toile cirée.

289. M. SEGHERS, rue de l'Orillon, n.° 8, à Paris,

Obtint, en l'an 10, une médaille d'argent pour ses toiles cirées : le jury a reconnu avec satisfaction que sa fabrication a fait des progrès ; ses vernis sont plus souples, ses couleurs plus variées, et ses dessins mieux choisis.

Le jury applaudit à l'émulation de ce fabricant, qui se montre ainsi de plus en plus digne des distinctions qu'il a reçues.

SECTION 5.

Papiers peints.

290. MM. JACQUEMARD et BENARD, rue de Montreuil, n.° 37, faubourg Saint-Antoine, à Paris.

Ces fabricans, successeurs de feu *Réveillon*, obtinrent une médaille de bronze à l'exposition de l'an 9 ; ils reparurent avec distinction à l'exposition de l'an 10. Les tentures qu'ils ont présentées en 1806, prouvent qu'ils ont fait des progrès ; leurs décorations en dorure sont parfaitement exécutées.

Le jury leur décerne une médaille d'argent de 1.re classe.

———

291. M. SIMON, au pavillon d'Hanovre,

Médailles d'Argent, 2.e classe.

Obtint, en l'an 10, une médaille de bronze pour le bon goût de ses dessins, pour ses papiers veloutés et pour ses impressions d'ornemens sur étoffes ; il a exposé cette année des productions dans lesquelles on a remarqué des progrès qui classent sa fabrique parmi celles qui ont le plus de réputation. Le jury a vu avec satisfaction ses décorations en dorure.

292. M. ROBERT, rue de la Place-Vendôme, sur le Boulevart.

Ce fabricant fut jugé digne d'une médaille de bronze à l'exposition de l'an 9 ; les produits qu'il a présentés cette année, sont faits pour soutenir et accroître sa réputation.

293. M. ZUBER, de Rexheim, département du Haut-Rhin.

Ce fabricant fait très - bien les papiers peints et emploie de belles couleurs ; il a fait exécuter des paysages qui présentent des difficultés vaincues d'une manière utile à l'avancement de l'art.

Le jury lui décerne une médaille d'argent de 2.e classe.

———

LE JURY ARRÊTE qu'il sera fait mention hono-rable de

294. MM. JOURDAN et VILLARD, rue des Fossés-Saint-Germain-des-Prés, n.º 14,

Pour une pièce de tenture représentant une dra-perie, et pour des papiers ordinaires peints avec des ocres de diverses couleurs qu'ils fabriquent eux-mêmes.

295. M. ALBERT, rue du Colombier, n.º 38, enclos de l'Abbaye Saint-Germain,

Pour des tentures de bon goût.

296. M. CHENAVARD,

Pour des tentures fabriquées par un procédé qui lui est particulier.

CHAPITRE 12.

CUIRS ET PEAUX.

SECTION I.

Tannage.

297. MM. VERMONT frères, du Pont-d'Arche près Mézières,

Médailles d'Argent, 2.ᵉ classe.

Obtinrent en l'an 10 une médaille de bronze.

Ils ont présenté en 1806 un cuir préparé à la jusée, qui prouve qu'ils cultivent toujours leur art avec le même succès.

LE JURY ARRÊTE qu'il sera fait mention honorable des fabricans dont les noms suivent :

Mentions honorables.

298. M. SALLERON, tanneur à Longjumeau, département de Seine-et-Oise.

299. M. BUNEL, tanneur à Pont-Audemer.

300. M. CORNISSET, tanneur à Sens.

301. Les tanneurs de la ville de MALMÉDY, département de l'Ourte.

302. M. DARRONI (Louis), de Parme.

Ces fabricans ont envoyé des cuirs parfaitement tannés.

SECTION 2.

Corroyage.

LE corroyage, c'est - à - dire, l'art d'apprêter les peaux et les cuirs tannés et de leur donner la couleur, le poli, la souplesse ou la fermeté nécessaires pour les différens usages auxquels on les destine, a fait, depuis environ quinze ans, des progrès considérables, et ces progrès ont influé d'une manière très-marquée sur la qualité de nos ouvrages de cordonnerie et de sellerie : c'est aux établissemens formés à Pont-Audemer, département de l'Eure, que cette amélioration est principalement due.

303. MM. PLUMER, DONNET et VANIER, de Pont-Audemer,

Furent jugés dignes, en l'an 9, d'une médaille d'argent pour la bonne préparation des cuirs. Ces fabricans ont beaucoup contribué, par leurs travaux et par leur exemple, aux progrès de la corroierie : leurs produits sont soignés et dignes de la confiance du public.

304. M. LIEGROIS, de Paris, rue de Grenelle-Saint-Germain, n.º 86,

A exposé des cuirs vernissés. Le jury les a trouvés brillans, très-souples, et dignes de la médaille d'argent de 1.re classe qu'il aurait décernée à M. *Liegrois*, s'il ne l'avait pas déjà obtenue.

Le même fabricant a présenté des tissus en laine fort bien vernissés par son procédé.

305. M. DIDIER, de Paris, rue du Faubourg-Saint-Denis, n.° 59,

Qui obtint, en l'an 10, une médaille d'argent pour le vernis appliqué sur des vases en cuir bouilli et sur des peaux, a continué de cultiver ce genre d'industrie : il en a exposé des produits en 1806; le jury en a été satisfait, et a reconnu que ce fabricant est toujours digne de la distinction qu'il a reçue.

———

LE JURY ARRÊTE qu'il sera fait mention honorable de l'habileté avec laquelle sont corroyés les cuirs présentés par les fabricans dont les noms suivent :

306. Les fabricans de PONT-AUDEMER (1).

307. MM. SALLERON père et fils, de Paris, rue du Fer-à-Moulin, faubourg Saint-Marcel.

———

(1) *Voyez* la Notice, *page 78.*

308. M. LECOMTE, d'ÉVREUX.

309. Mme veuve HONNETTE et fils, de Saint-Germain.

310. MM. OURSIN-CAZE frères, de Caen.

SECTION 3.

Maroquins.

LA fabrication du maroquin doit être comptée parmi les nouvelles acquisitions de l'industrie française : il n'y a que peu d'années que nous la possédons, et déjà elle est supérieure à celle du Levant. Le jury ne connaît aucun maroquin étranger dont ceux de France aient à redouter la concurrence pour la variété, la beauté et la solidité des couleurs, l'apprêt et la souplesse des peaux. Il s'empresse de désigner les fabricans de maroquins auxquels il a été accordé des distinctions.

———————

Médailles
d'Or.

311. MM. FAULER, KEMPH et compagnie, fabricans de maroquins à Choisi-sur-Seine, ayant leur entrepôt à Paris, rue Française, n.° 12.

Une médaille d'or fut décernée, en l'an 9, à ces fabricans, parce que leurs maroquins furent trouvés supérieurs aux plus beaux maroquins du Levant. L'exposition de l'an 10 leur mérita de nouveaux éloges.

éloges. Ils ont exposé, en 1806, un assortiment de Médailles
d'Or. maroquins, que le jury a examinés dans le plus grand détail. Il en a trouvé les nuances belles, solides, la grenure nette et agréable. Les peaux sont très-bien préparées. Le jury a remarqué avec satisfaction que MM. *Fauler, Kemph* et compagnie ne négligent rien pour soutenir et pour perfectionner leur fabrication, et qu'ils se montrent à chaque exposition supérieurs à eux-mêmes.

_____

312. M. MATLER, fabricant de maro- Médailles
d'Argent,
1.re classe. quins, à Paris, rue Censier, n.º 13.

L'exposition de 1806 est la première à laquelle ce fabricant ait pris part; il y a présenté des maroquins de couleurs différentes, que le jury a jugés dignes de grands éloges; les peaux sont bien apprêtées, les couleurs belles et solides.

Comme M. *Matler* n'est entré que le second dans la carrière, le jury s'est borné à lui décerner une médaille d'argent de 1.re classe.

SECTION 4.

Chamoiserie et Ganterie.

LE JURY ARRÊTE qu'il sera fait mention honorable, Mentions
honorables. 1.º De la ganterie de Grenoble, dont des échantillons parfaitement bien travaillés ont été présentés par les fabricans dont les noms suivent :

G

313. M. DUCRUY aîné,

314. M. MASSU cadet,

315. M. DURAND (Ennemond),

316. M. DUMOULIN,

317. M.me CHALVET (Victoire),

318. M.me veuve ROMAND,

319. M. THIBAUD ;

2.° De la chamoiserie et de la ganterie de Niort, département des Deux-Sèvres.

Le jury a vu avec satisfaction la bonne préparation des peaux de daim et de mouton, le travail soigné des culottes de peau et des gants provenant de cette fabrique; ces objets ont été présentés par les ci-dessous dénommés :

320. M. BRIÈRE aîné,

321. M. CRISTAIN l'aîné,

322. MM. MAIN frères,

323. M. BRILLOUET,

Tous de Niort, qui ont mérité d'être mentionnés honorablement dès l'an 10 ;

3.° Des gants fabriqués à Chaumont, département de la Haute-Marne, et présentés par les fabricans dont les noms suivent :

324. M. AUBRY.

325. M. GENNUYS.

SECTION 5.

Mégisserie.

326. M. Perducel, d'Annonay, départment de l'Ardèche,

Qui fut mentionné honorablement en l'an 10, a présenté, en 1806, des peaux de chevreau et de mouton qui montrent qu'il est toujours digne de la distinction qu'il a reçue.

———

Le jury arrête que les noms de MM.

327. Malgontier et Périer, d'Annonay,

328. François Lansot, parcheminier à Coutances, département de la Manche,

Seront cités au rapport.

CHAPITRE 13.

FERS ET ACIERS.

SECTION I.

Observations générales.

PLUS de cent cinquante usines répandues sur environ quarante départemens, ont fait des envois en fontes, en fers, en aciers, en faux, en limes, en tôles, en fers-blancs ; le nombre des envois a été de cent soixante-un, formant sept cent soixante-dix-neuf échantillons.

Les essais relatifs aux fers et aux aciers ont été faits par des hommes expérimentés dans l'art de la forge et dans l'emploi de ces matières (1), devant plusieurs membres du corps des mines ; ils ont duré vingt-deux jours ; il en résulte que la France est plus riche en bon fer et en bon acier qu'on ne l'a pensé jusqu'ici.

SECTION 2.

Fers.

SUR soixante-sept envois de fers, on en a trouve

(1) M. *Rosa*, ancien serrurier mécanicien de Vaucanson ; M. *Vanderbræck*, artiste mécanicien.

de qualité ordinaire.................... 16.

de bonne qualité..................... 5.

de fort bonne qualité................. 16.

d'excellente qualité.................. 17.

de qualité supérieure................. 13.

———

67.

La France étant depuis long-temps en possession de faire des fers excellens, on n'a pas jugé convenable de donner des médailles pour cet objet.

Le jury arrête qu'il sera fait mention hono- Mentions rable de treize maîtres de forge qui ont envoyé les honorables. fers de qualité supérieure, et dont les noms suivent :

329. MM. Le Blanc, à la forge de Marnaval près Saint-Dizier, département de la Haute-Marne,

Fer ayant beaucoup de corps et de nerf, tendre à la lime, se pliant très-bien à chaud et à froid, sans présenter ni fentes ni gerçures.

330. M. Rochet, à Audincourt, département du Haut-Rhin,

Fer très-bien forgé, beaucoup de corps et de nerf.

Le jury se plaît à rappeler que M. *Rochet* obtint en l'an 9 une médaille de bronze pour des tôles d'un laminage bien égal.

G 3

331. MM. MEINER et BORNÊQUE, à Belle-Fontaine, département du Haut-Rhin,

Fer bien forgé, se soudant et se perçant bien, dur à la lime.

332. M. LEMIRE, à Clairvaux, département du Jura,

Fer bien forgé, très-doux à la lime.

333. M. GRENOUILLET, fermier des forges de Clavières, département de l'Indre,

Fer extrêmement nerveux, prenant une certaine dureté à la trempe, se forgeant et se soudant parfaitement, ayant une grande ténacité.

334. M. CARON, aux forges de Fraisans, Rans, Dampierre et Bruyère, département du Jura,

Fer d'une pâte égale, beaucoup de corps, se forgeant bien à froid, comparable aux fers de Suède

335. M. ROCHET, forge de Bèze, département de la Côte-d'Or,

Fer bien forgé, beaucoup de corps, un peu ferme à la lime, comparable au meilleur fer de Suède.

Ces fers proviennent des fontes du fourneau de Cirey.

336. Mme BRUYÈRE, à Saint-Loup, département de la Haute-Saone,

Petites tringles de fer très-nerveux, se forgeant et se soudant bien, pliant à froid sans se casser.

337. M. GRASSET (Antoine), à Allevart, département de l'Isère,

Fer bien forgé, très-nerveux, doux à la lime et prenant une certaine roideur à la trempe.

338. MM. PERARD et VARDEL, à la Ferrière-sous-Jougues, département du Doubs,

Fer en petités tringles fort minces; il est très-bien forgé et très-nerveux.

339. M. JOBEZ, forge de Sirod, commune de Champagnac, département du Doubs,

Fer aciéreux, très-nerveux, se forgeant et se soudant bien, prenant un peu de dureté à la trempe.

340. M. DIETRICH, à Niederbroon, département du Bas-Rhin,

Un échantillon de fer très-nerveux, se forgeant et se soudant bien, doux à la lime.

341. M. BOSC, de Toulouse,

Deux barres de fer en plate-bande, bien estampé, très-nerveux et très-tendre à la lime.

G 4

LE JURY ARRÊTE qu'il sera fait également mention honorable de

342. MM. ROBIN , MATHIEUX et PUICHARD; de la forge de Rochevillers , département de la Haute-Marne ,

Pour avoir fabriqué du fer se soudant bien, très-nerveux, se pliant bien, et tendre à la lime, avec un tiers de houille et deux tiers de charbon de bois.

Nota. M. Robin *est le propriétaire de la forge*, M. Mathieux *le fermier*, et M. Puichard *le forgeron affineur qui a fabriqué le fer.* L'usage de la houille dans l'affinage du fer est général dans le pays de Namur : il est moins connu dans le département de la Haute-Marne.

SECTION 3.

Aciers.

343. MM. GOUVY et GUENTZ, à Goffontaine, département de la Sarre ,

Ont envoyé dix - sept barres d'acier, marquées acier brut ou naturel de fusion.

Cet acier est bien forgé, sans aucune gerçure, d'un grain fin, gris et égal, se forge et se soude bien, a du corps et du nerf. On a essayé les dix-sept barres en en faisant des poinçons et des ciseaux à froid; elles ont été trouvées de qualité supérieure.

Le jury décerne à MM. *Gouvy* et *Güentz* une médaille d'or.

344. M. LOUP, à la forge de Saint-Denis, département de l'Aude,

Acier poule semblable à celui d'Angleterre.

Il est sans gerçures, se forgeant et se soudant bien, très-dur à la trempe, prenant un grain très-fin, et se comportant en tout comme un échantillon d'acier anglais, essayé comparativement.

Les pièces envoyées par M. le préfet de l'Aude annoncent que les minérais qui donnent cet acier de qualité supérieure, viennent de Villerouge, dans les Corbières.

Le jury décerne une médaille d'or à M. J. F. *Loup.*

---

345. M. PLANTIER (Vincent), de la forge d'En-haut, département de l'Isère,

A présenté trois échantillons d'acier de qualité excellente. Cet acier se forge et se soude bien, a beaucoup de corps et de nerf, et le grain fin; il est très-dur.

Le jury décerne à M. *Vincent Plantier* une médaille d'argent de 1.re classe.

346. MM. GEORGE et CUGNOLET, à Undervelier, département du Haut-Rhin,

Médailles
d'Argent,
1.re classe.
Ont présenté vingt-sept échantillons d'acier de qualité excellente; il est de bel aspect, se forge et se soude très-bien, a le grain fin, beaucoup de corps et de nerf, et prend beaucoup de dureté à la trempe.

Le jury décerne à MM. *George* et *Cugnolet* une médaille d'argent de 1.re classe.

347. M. GRASSET (Claude), à la forge de la Doue, près la Charité, département de la Nièvre,

A présenté treize échantillons d'acier, de qualité excellente, se forgeant et se soudant bien, le grain fin, très-dur.

Le jury décerne à M. *Grasset* une médaille d'argent de 1.re classe.

———————

Mentions
honorables.
LE JURY ARRÊTE qu'il sera fait mention honorable des maîtres de forge dont les noms suivent :

348. MM. GIRARD (Nicolas) et TOURNIER (François), à Renage, département de l'Isère,

Acier de fort bonne qualité, ayant beaucoup de corps et de nerf, se forgeant comme du fer, et prenant un grain très-fin.

349. M. NAVEZ, à Binch, arrondissement de Charleroi, département de Jemmape,

Un échantillon d'acier, de fort bonne qualité, se forgeant et se soudant bien, d'un grain fin, dur et égal à la trempe.

350. M. SALOMON (Louis), de Renage, département de l'Isère,

Huit échantillons d'acier, se forgeant et se soudant bien, ayant beaucoup de corps, la cassure fine, et prenant bien la trempe ;

Destiné pour ressorts de voitures.

SECTION 4.

Faux.

351. MM. IRROY père et fils, à la forge de la Hutte, département des Vosges,

Fabriquent des faux de qualité supérieure : la forme de ces faux est analogue à celle des faux de Styrie ; elles sont très-légères, fort dures, et se battent bien.

Le jury décerne à MM. *Irroy* père et fils une médaille d'or.

Les faux de MM. *Irroy* sont faites avec l'acier qu'ils fabriquent eux-mêmes ; ils ont envoyé vingt-un échantillons de cet acier : aux essais, on l'a trouvé de qualité supérieure, se forgeant et se soudant bien, résistant très-bien au feu, ayant beaucoup de corps et de nerf, le grain fin, et prenant la trempe couleur de cerise noire, ce qui est très-précieux pour les arts; de sorte que, pour les acier seulement, MM. *Irroy* auraient eu droit à la médaille d'or qui vient de leur être décernée pour la fabrication des faux.

352. M. VINÉIS de Mongrando, département de la Sesia,

A présenté des faux de qualité excellente : leur forme est parfaite; elles sont dures sans être cassantes; leur matière s'amincit et s'alonge promptement sous le marteau sans se gercer.

Le jury décerne à M. *Vinéis* une médaille d'argent de 1.re classe.

353. M. GIRARD, de Douciez, département du Jura.

Les faux façon d'Allemagne et les faux ordinaires qu'il a présentées, sont de qualité excellente : elles valent celles de Styrie, sont un peu plus dures à battre; ce qui leur fait tenir leur taillant plus long-temps.

Le jury décerne à M. *Girard* une médaille d'argent de 1.re classe.

LE JURY ARRÊTE qu'il sera fait mention honorable Mentions honorables. des fabricans de faux dont les noms suivent :

354. M. BORNÈQUE, de Bitchvillers, département du Haut-Rhin,

Faux de très-bonne qualité, imitant la forme de Styrie.

Le jury rappelle avec satisfaction que M. *Bornèque* a déjà été mentionné honorablement en l'an 10.

355. M. GUÉRIN, de Dilling, département de la Moselle,

Faux de très-bonne qualité.

356. M. GROSJEAN, à Saussure, département des Vosges,

A envoyé une faux dont la matière est excellente.

357. M. NICOD fils, Maison-Dubois, département du Doubs,

Faux de bonne qualité.

358. M. DURAND, au Grand-Villars, département des Hautes-Alpes,

Faux de très-belles formes, très-légères, et de fort bonne qualité.

SECTION 5.

Limes.

359. M. DUCRUSEL, d'Amboise, département d'Indre-et-Loire,

A présenté des limes excellentes, bien mordantes.

M. *Ducrusel* a déjà obtenu, en l'an 10, une médaille d'argent de 1.ʳᵉ classe, pour la fabrication des limes. Le jury est convaincu qu'il est toujours digne de cette distinction, et même qu'il a amélioré sa fabrication depuis l'an 10.

———

LE JURY ARRÊTE qu'il sera fait mention honorable

360. De MM. BRUNON aîné, et GAUTIER, de Caen, département du Calvados,

Qui ont présenté des limes très-bien travaillées;

361. Des Ateliers de l'École des arts et métiers de COMPIÈGNE (1),

Où l'on a fabriqué des limes excellentes, bien faites, dures et ne s'égrenant pas.

362. De M. PONCELET, fabricant de limes à Liége,

Pour la beauté de la taille.

———

(1) Cette école doit être incessamment transférée à Châlons-sur-Marne.

SECTION 6.

Cylindres à laminer.

363. M. GOSSELIN, propriétaire de l'aciérie Médailles de Souppes, département de Seine-et-Marne, ayant son dépôt à Paris, rue Saint-Antoine, n.º 35.

Des cylindres de laminoir faits dans la manufacture de Souppes, furent présentés à l'exposition de l'an 10, avec des aciers provenant du même établissement : le jury jugea que ces objets méritaient d'être distingués par une médaille d'or.

Aujourd'hui la manufacture de Souppes présente des cylindres auxquels on a reconnu les qualités suivantes :

1.º Ils sont exactement tournés, et leurs surfaces sont bien cylindriques, qualité que l'on a constatée en vérifiant le parallélisme des côtés;

2.º Ils sont très-durs, non-seulement dans la partie destinée à cylindrer, mais encore dans les axes, aux endroits seulement qui porte sur les coussinets.

Ces détails prouvent que la manufacture de Souppes ne déchoit pas entre les mains de son nouveau possesseur, et qu'elle n'a pas cessé d'être digne de la médaille d'or qu'elle a obtenue.

SECTION 7.

Tôle laminée et Fer-blanc.

Médailles d'Argent, 1.re classe.

364. M. GUÉRIN, à Dilling, département de la Moselle,

A présenté des feuilles de tôle parfaitement laminées et de qualité supérieure.

Le jury lui décerne une médaille d'argent de première classe.

———————

Médailles d'Argent, 2.e classe.

365. M. DELLOYE, de Huy, département de la Moselle,

A envoyé à l'exposition six feuilles de fer-blanc d'excellente qualité.

Le jury lui décerne une médaille d'argent de 2.e classe.

———————

LE JURY ARRÊTE qu'il sera fait mention hono-

Mentions honorables. rable de

366. M. BASTIN, de Huy, département de l'Ourte,

Qui a présenté des tôles très-bien laminées et de qualité excellente.

———————

Fer battu.

LE JURY ARRÊTE que le nom de

367. M. GENIN, fabricant d'ustensiles en fer battu, à Fontaine-l'Évêque, dépatement de Jemmape,

Sera cité dans le rapport.

SECTION 8.

Trifileries.

368. Mme veuve FLEURS, propriétaire des forges de Lods, département du Doubs,

Médailles d'Argent, 1.re classe.

369. M. ÉDOUARD MOURET, propriétaire des forges de Châtillon, département du Doubs,

370. M. BOUCHOTTE, propriétaire de forge, à l'Ile-sur-Doubs, département du Doubs,

371. M. FLEURY jeune, fabricant de fil de fer, à l'Aigle, département de l'Orne,

Ont présenté des fils de fer de bonne qualité, élastiques, et propres à la fabrication des cardes. Ils ont obtenu en l'an 10 la médaille d'argent de 1.re classe; l'examen de leurs derniers produits a

H

convaincu le jury qu'ils n'ont pas cessé d'être dignes de cette honorable distinction.

372. MM. MOUCHEL (Jean-Baptiste) père et fils, propriétaires de la trifilerie de Bois-Thorel près l'Aigle, département de l'Orne,

Ont présenté au concours des fils de fer et d'acier de différentes grosseurs, et applicables à divers usages. Plusieurs espèces sont préparées et dressées pour la fabrication des cardes à coton.

Ces différens fils sont gradués avec intelligence, de la manière la plus favorable pour satisfaire à tous les besoins des arts, et pour obtenir une grande finesse. La matière en est de bonne qualité.

Le jury décerne à MM. *Mouchel* une médaille d'argent de 1.ʳᵉ classe.

CHAPITRE 14.

CUIVRE.

SECTION I.

Cuivre laminé et martelé.

373. MM. FREREJEAN frères, à Vienne, département de l'Isère,

Médailles d'Argent. 1.re classe.

Ont envoyé, de leur fonderie de Vienne, des cuivres travaillés avec habileté : on a particulièrement remarqué un fond de chaudière préparé au martinet, ayant deux mètres de diamètre et vingt-cinq centimètres de bord, et une coupe de 116 centimètres de diamètre.

Le jury décerne à MM. *Frerejean* une médaille d'argent de la 1.re classe.

LE JURY ARRÊTE qu'il sera fait mention honorable des fabricans dont les noms suivent :

Mentions honorables.

374. Les entrepreneurs des mines de SAINT-BEL et CHÉSI,

Qui ont envoyé des cuivres de bonne qualité.

H 2

375. Les fabricans de STOLBERG et ceux de NAMUR,

Pour leurs laitons.

376. M. CAPON, entrepreneur d'une fonderie à Avignon,

Pour ses cuivres laminés et martelés, qui sont de bonne qualité, et travaillés avec intelligence.

377. Les fabricans de VILLEDIEU, département de la Manche,

Pour des chaudières en cuivre très-bien travaillées.

SECTION 2.

Fil de laiton.

378. MM. BOUCHER et compagnie, entrepreneurs de la fabrique de Chandey près l'Aigle, département de l'Orne,

Ont exposé des fils de laiton de diverses sortes, qui, par leur bonne qualité, prouvent que ces fabricans n'ont pas cessé d'être dignes de la distinction que leur accorda le jury de l'an 10 en leur décernant une médaille d'argent de première classe.

SECTION 3.

Toiles métalliques.

379. M. PERRIN, quai de l'Égalité, n.º 6, à Paris, Médailles d'Argent, 1.ʳᵉ classe.

Obtint en l'an 9 une médaille d'argent pour la fabrication des toiles métalliques ; il a exposé de ces toiles en 1806 : le jury les a trouvées propres à soutenir la réputation que M. *Perrin* s'est acquise.

380. MM. ROSWAG père et fils, de Schelestatt, département du Bas-Rhin,

Ont exposé des toiles métalliques propres à faire des formes pour fabriquer le papier vélin et des tamis. Ces toiles se font remarquer par une égalité parfaite de tissu et par leur bon marché. Le jury a décerné à MM. *Roswag* une médaille d'argent de première classe.

CHAPITRE 15.

PLOMB.

Mentions honorables. LE JURY ARRÊTE qu'il sera fait mention honorable de

381. M. HUIGH, de Bruxelles,

Pour des tuyaux de plomb sans soudure, très-bien fabriqués par des moyens qui lui sont particuliers.

CHAPITRE 16.
QUINCAILLERIE.

SECTION I.
Acier poli.

382. M. SCHEY, rue du Faubourg-Saint-Dénis, n.º 39, à Paris,

Reçut en l'an 9 une médaille d'argent pour avoir établi une manufacture de quincaillerie d'acier poli. Il a présenté, cette année, de la bijouterie et de la quincaillerie en acier, d'une belle exécution et d'un très-beau poli ; ces ouvrages ont paru dignes de la réputation dont M. *Schey* jouit à juste titre, et de la distinction qu'il a déjà obtenue.

SECTION 2.
Serrurerie.

383. M. OLIVE (Joseph), d'Escarbotin, département de la Somme, ayant son dépôt à Paris, rue Jean-Pain-Mollet, n.º 12,

A présenté à l'exposition de 1806, des serrures, des verroux et des cadenas construits avec soin et sur de bons modèles.

La fabrique de serrurerie d'Escarbotin, qui occupe

H 4

à-peu-près deux mil'e ouvriers, approvisionne presque seule la ville de Paris : elle soutient avec succès la concurrence des fabriques étrangères ; ses prix sont inférieurs à ceux des manufactures d'Allemagne, et ses ouvrages sont beaucoup plus parfaits.

M. *Joseph Olive* est un des entrepreneurs les plus distingués de cette manufacture. Il obtint en l'an 9 une médaille de bronze. Vu les soins qu'il donne à sa fabrique et les améliorations progressives qui se font remarquer dans ses produits, le jury lui décerne une médaille d'argent de 1.re classe.

> *Nota.* M. *Olive* a fait exécuter des serrures d'après des modèles imaginés par M. *Edgeworth* et perfectionnés par M. *Koch*, modèles qui lui avaient été envoyés par la Société d'encouragement.

---

384. MM. RIVERY père, d'Amiens, et RIVERY fils, d'Escarbotin, entrepreneurs de la fabrique de serrurerie d'Escarbotin,

Ont présenté quinze serrures et un verrou de combinaison très-solides et d'un travail soigné : ils ont aussi exposé des cylindres cannelés pour carderie et mull-jennys faits avec précision ; ces divers objets sont établis à des prix modérés.

Le jury décerne à MM. *Rivery* père et fils une médaille d'argent de 2.e classe.

LE JURY ARRÊTE qu'il sera fait mention honorable de

385. M. GEORGET, rue Saint-Denis, n.º 326, à Paris.

Plusieurs serrures et verroux fermant à clef croisée, avec cache-entrée.

Cache-entrées s'adaptant aux serrures ordinaires.

SECTION 3.

Coutellerie.

386. M. BATAILLE, coutelier à Bordeaux, Médailles d'Argent, A présenté une collection d'instrumens pour 1.ʳᵉ classe. l'opération de la taille, parmi lesquels se trouve un lithotome de sa composition, qu'il réunit au cathéter de M. *Guérin*, dans la vue de faire l'opération de la lithotomie dans un seul temps et avec un seul instrument : il a présenté aussi un instrument qu'il a imaginé pour l'opération de la cataracte.

Ces divers instrumens réunissent à la solidité la forme convenable et une parfaite exécution.

Le jury décerne à M. *Bataille* une médaille d'argent de 1.ʳᵉ classe.

Nota. M. *Bataille* avait obtenu en l'an 9 une mention honorable.

LE JURY ARRÊTE qu'il sera fait mention honorable des fabriques dont les noms suivent:

387. La fabrique de SAINT-ÉTIENNE, département de la Loire.

388. La fabrique de THIERS, département du Puy-de-Dôme.

Ces deux fabriques sont recommandables par l'extrême modicité des prix, par la qualité qui est bonne, eu égard au prix, par le nombre de bras qu'elles emploient, et par l'étendue du commerce auquel elles donnent lieu.

389. La fabrique de coutellerie fine de PARIS.

390. La fabrique de LANGRES, département de la Haute-Marne.

391. La fabrique de MOULINS, département de l'Allier.

392. La fabrique de CHÂTELLERAULT, département de la Vienne.

Citations. LE JURY ARRÊTE que les fabricans dont les noms suivent, seront cités dans le rapport:

393. M. RENAULD-GLOUTIER, à Paris, rue de l'Arbre-Sec, n.º 23.

394. M. GAVET, à Paris, rue Saint-Honoré, n.° 138.

Ces deux fabricans ont présenté de la coutellerie fine d'une exécution très-soignée.

395. M. GILET, rue de Charenton, n.° 43, à Paris.

Rasoirs d'acier fin, de bonne qualité.

396. M. PETIT-WALLE, quai des Ormes, n.° 20, à Paris.

Rasoirs fins.

397. M. BATAILLE fils, de Bordeaux.

Rasoirs d'une nouvelle forme, rouannes portatives, tire-bouchons mécaniques fabriqués avec beaucoup de soin.

398. M. MOUGEOT, de Bruyères, département des Vosges.

Coutellerie commune, d'un prix modique; lames d'une bonne trempe.

SECTION 4.

Outils divers.

399. MM. LETIXERANT, de Badonviller, département de la Meurthe,

Obtinrent, à l'exposition de l'an 9, une médaille

de bronze équivalente à une médaille d'argent de 2.ᵉ classe, pour avoir fabriqué des poinçons et des alênes. Ils ont présenté, cette année, des alênes communes et des alênes de première qualité, qui auraient fait décerner à MM. *Letixerant* une médaille d'argent de 2.ᵉ classe s'ils n'avaient déjà obtenu une distinction.

————————

LE JURY ARRÊTE qu'il sera fait mention honorable des fabricans dont les noms suivent :

Mentions honorables. **400. MM. POTHIER frères, de Saint-Malo;**

Furent honorablement mentionnés en l'an 10, à raison d'un assortiment d'hameçons. Ils ont exposé en 1806 une feuille d'échantillons que le jury a reconnus bien fabriqués, et de bonne matière.

Le jury se plaît à déclarer que MM. *Pothier* sont toujours dignes de la distinction qu'ils ont obtenue.

401. M. TARLAY, rue Gervais - Laurent, n.° 12, à Paris.

Gouges et boute-avant, pour les graveurs en bois, d'une bonne forme et bien fabriqués ; objet utile aux manufactures de toiles peintes et de papiers peints.

402. M. GAUTHIER, de Rouen.

Arbre de tour portant différens pas de vis d'une rare précision : tarauds très-bien exécutés.

403. M. KUTSCH, rue de la Tixéranderie,
n.º 60 à Paris.

Machines propres à étalonner et à diviser en même temps, avec la plus grande précision, le mètre et le double centimètre.

404. M. HANIN, rue Neuve-Notre-Dame, n.º 11, en la Cité, à Paris.

Pesons à ressort et à cadran de diverses dimensions.

M. *Hanin* a beaucoup perfectionné les pesons à ressort; ils sont aujourd'hui généralement en usage; et comme les cadrans portent en même temps les nouveaux et les anciens poids, leur usage facilite les opérations du commerce et propage la connaissance des nouveaux poids.

405. M. ANDRÉ JAY, de Grenoble.

Assortiment complet de peignes à sérancer le chanvre, construits avec soin, et généralement adoptés pour le sérançage.

406. M. FREROT jeune, de Pont-Audemer.

Couteau à revers, pour les corroyeurs, de bonne qualité et d'une forme convenable.

407. M. JECKER (Gervais), à Massevaux, près Béfort, département du Haut-Rhin,

Vis à bois assorties, très-bien fabriquées à l'aide de machines de son invention : les prix en sont modérés.

SECTION 5.

Aiguilles.

408. LES fabriques d'AIX-LA-CHAPELLE et de BORCETTE.

Les aiguilles à coudre, à broder et à tricoter, de toutes les espèces, envoyées à l'exposition par les fabricans d'*Aix-la-Chapelle* et de *Borcette* (1), ont été comparées avec les aiguilles analogues provenant des fabriques étrangères. Le jury a reconnu qu'elles peuvent soutenir la comparaison avec celles que le commerce estime le plus. Elles réunissent à la bonne façon le degré de trempe et le poli qui en constituent la bonne qualité. Leur assortiment est complet, et peut satisfaire à tous les besoins.

Le jury décerne une médaille d'or aux fabriques d'aiguilles à coudre d'Aix-la-Chapelle et de Borcette.

Nota. Cette médaille sera remise au Maire d'Aix-la-Chapelle.

---

(1) *Voye* la Notice des objets envoyés à l'exposition, page 247.

SECTION 6.

Épingles.

409. M. JECKER (Laurent), à Aix-la-Chapelle,

Médailles d'Argent, 1.re classe.

A formé un établissement où les épingles sont fabriquées en grand par des procédés nouveaux et avantageux.

1.° Les cisailles servant à couper les épingles de longueur, sont mises en mouvement avec le pied.

2.° Les pointes sont faites sur deux meules dont l'une a la taille plus fine que l'autre.

3.° Les têtes, au lieu d'être embouties une à une, sont coulées dans des moules, au nombre de soixante à-la-fois, de manière qu'un enfant peut en faire cent quatre-vingts par minute.

4.° Les moyens employés pour étamer les épingles, les polir, pour plier le papier, le percer, sont également simples, ingénieux et économiques.

Les épingles que M. *Jecker* a envoyées à l'exposition, sont d'une très-bonne qualité et d'un prix beaucoup inférieur à celui des épingles fabriquées par les procédés ordinaires.

Le jury décerne à M. *Jecker* une médaille d'argent de première classe.

Médailles
d'Argent,
2.ᵉ classe.

410. MM. METTON frères et compagnie, de l'Aigle, département de l'Orne,

Ont présenté au concours des épingles raffinées, drapières et ordinaires d'une très-bonne proportion, dont la tête, quoique frappée à l'ordinaire, est très-ronde et bien adhérente; les prix en sont modérés.

Le jury décerne à MM. *Metton* une médaille d'argent de deuxième classe.

CHAPITRE 17.

CHAPITRE 17.

FABRICATION DES ARMES.

SECTION I.

Armes blanches.

411. MM. Coulaux frères, entrepreneurs de la fabrique d'armes de Klingentall. *Médaille d'Or.*

La manufacture de Klingentall est depuis longtemps renommée pour la bonne qualité et la belle fabrication de ses armes blanches ; elle fournit dans ce genre tout l'armement de l'armée française ; on y a fabriqué récemment des lames en damas qui prouvent que cet établissement est capable de réussir dans tous les genres.

Le jury a jugé la manufacture de Klingentall digne de la distinction du premier ordre, et lui a décerné une médaille d'or.

SECTION 2.

Armes à feu.

412. M. Péniet, arquebusier, rue de Rivoli, n.º 14, *Médaille d'Argent, 2.ᵉ classe.*

I

A soumis à l'examen du jury un instrument de son invention, propre à carabiner les pistolets : au moyen de cette machine, un ouvrier peut faire dans une heure autant d'ouvrage qu'il en ferait dans un jour par les procédés ordinaires. La rayure qu'on obtient avec cette machine est très-parfaite : l'auteur l'a nommée *rayure à cheveux*, à cause de la finesse des cannelures.

M. *Péniet* est d'ailleurs, sous tous les rapports, un arquebusier distingué.

Le jury lui décerne une médaille d'argent de 2.ᵉ classe.

LE JURY ARRÊTE qu'il sera fait mention honorable des fabriques et des mécaniciens dont les noms suivent :

413. La fabrique de SAINT-ÉTIENNE a envoyé de bons fusils à un prix très-modique.

La ville de Saint-Étienne est remarquable par la modération de ses prix dans tous les genres qu'elle manufacture. A prix égal, elle fournit en meilleure qualité que les autres fabriques ; cette circonstance, qui fait le plus grand honneur à la ville de Saint-Étienne, et la grande variété d'objets qu'on y exécute, font désirer qu'il y soit formé un établissement propre à répandre le talent du dessin, l'instruction relative au traitement des métaux, et la connaissance de la mécanique appliquée aux manufactures. D'après ce que cette ville, abandonnée à ses seuls moyens, a developpé d'industrie, il paraît indubitable qu'elle parviendrait rapidement à égaler la réputation des villes les plus célèbres pour la quincaillerie, et peut-être à les supplanter dans le commerce.

414. Les arquebusiers de PARIS.

Les fusils qu'ils ont exposés sont parfaitement traités.

415. M. FEUILLET, fabricant d'armes à Liége,

Pour ses platines identiques.

416. M. REGNIER, conservateur du dépôt central d'artillerie, rue de l'Université.

Instrument propre à déterminer le rapport qui doit exister entre le grand ressort et celui de la batterie d'une platine, afin que le fusil rate le moins possible. Cet habile artiste avait aussi exposé son *dynamomètre*, déjà connu du public, et dont l'usage devient journellement plus étendu.

CHAPITRE 18.

MÉCANIQUE.

SECTION I.

Machines pour les étoffes de laine.

417. M. Douglass, ingénieur mécanicien aux moulins de l'île des Cygnes, à Paris,

A composé une suite de machines propres à la filature de la laine et à la manutention des draps. Cette suite comprend :

1.º Une machine à ouvrir la laine, qu'un enfant peut alimenter, et qui fait l'ouvrage de quarante personnes employées à ouvrir la laine par les procédés ordinaires ;

2.º Une carde appelée *brisoir* pour le premier degré de cardage, qui carde soixante à soixante-cinq kilogrammes par jour, et qu'un enfant peut alimenter ;

3.º Deux cardes nommées *finissoirs* pour finir le cardage de la laine qui a déjà passé au brisoir : la laine sort du finissoir en loquettes qui se succèdent et forment un ruban continu ; deux enfans suffisent pour le service de chaque finissoir ;

4.º Une machine de trente broches à filer en gros, produisant par jour vingt-cinq à trente kilogrammes de gros fil de boudin : elle est conduite par une femme et un enfant ;

5.º Une machine de quarante broches au moyen de laquelle une femme et un enfant peuvent filer par jour quinze kilogrammes de laine pour chaîne de couverture ;

6.º Une machine de soixante broches destinée à filer la laine pour la fabrication des draps : cette machine, conduite par une femme, fait environ six kilogrammes de fil par jour ;

7.º Une grande machine à lainer les draps ;

Le jury s'est assuré que cette machine, que deux personnes peuvent servir, fait autant d'ouvrage que vingt laineurs à la main ; qu'elle n'altère point la force du tissu ; que le drap sur lequel elle a opéré, est bien garni et très-soyeux : l'expérience a aussi démontré qu'elle procure une économie de douze pour cent sur la consommation du chardon ;

8.º Une machine de moyenne grandeur, propre à lainer et brosser les draps ;

9.º Une machine du genre de la précédente, particulièrement destinée à lainer et à brosser les casimirs et autres étoffes étroites.

Toutes ces machines ont été construites dans les ateliers de M. *Douglass*, aux moulins de l'île des

I 3

Cygnes. Les six premières n'ont pas été mises à l'exposition ; mais elles sont journellement en activité, rue Saint-Victor, n.º 57, où M. *Douglass* a formé un établissement pour mettre les fabricans en état de juger du mérite de ses machines, et même pour leur donner la facilité de faire apprendre à leurs ouvriers l'art de les conduire et de les tenir en état. Le jury s'est transporté à cet établissement, et y a vu les machines en opération.

Depuis environ deux ans, M. *Douglass* a fourni aux manufactures de draps de seize départemens, plus de trois cent quarante machines de différentes espèces. Il a mis sous les yeux du public les échantillons des draps fabriqués par ses machines, et il a communiqué aux membres du jury sa correspondance avec les fabricans auxquels il a fourni, et qui lui témoignent leur satisfaction.

Indépendamment des machines ci-dessus désignées, M. *Douglass* construit des métiers pour tisser, à la navette volante, les étoffes de la plus grande largeur. Il construit aussi des manéges d'une composition simple et solide.

Toutes les machines construites dans les ateliers de M. *Douglass* sont solides dans toutes leurs parties, et très-bien appropriées à leur objet.

Le jury décerne à M. *Douglass* une médaille d'or.

———————

418. M. Leblanc-Paroissien, de Reims,

A exposé une machine à tondre les draps, par le moyen des forces ordinaires qu'un simple mouvement de manivelle fait agir de la même manière que si elles étaient conduites immédiatement par la main d'un tondeur : on obtient de cette machine une tonte très-régulière ; sa conduite n'exige aucun apprentissage. On en compte déjà quatre-vingt-six en activité, tant à Reims qu'à Elbeuf, Abbeville, Duren, Verviers, &c.

Le jury décerne à M. *Leblanc-Paroissien* une médaille d'argent de 2.ᶜ classe.

419. M. Mazeline (François), de Louviers,

A présenté le modèle d'une machine propre à lainer les draps par un mouvement continu de rotation ; il est parvenu à imiter le mouvement des bras, et les chardons opèrent à-peu-près de la même manière que s'ils étaient conduits à la-main.

Le jury décerne à M. *François Mazeline* une médaille d'argent de 2.ᶜ classe.

SECTION 2.
Machines à filer le coton.

420. M. Pouchet (Louis E.), de Rouen,

A présenté un filoir continu à double rang de broches de chaque côté, étagées et distribuées de

I 4

manière à occúper la moitié moins de place que dans les continues ordinaires.

M. *Pouchet* obtint une médaille d'or à l'exposition de l'an 10.

421. M. ALBERT (Charles), faubourg Saint-Denis, n.º 69, à Paris,

A présenté au concours une série complète de mécaniques à filer le coton :

1.º Des carderies *brisoire* et *finissoire*, mues par engrenage, sans cordes ni poulies : des vis sont employées d'une manière heureuse pour régler les chapeaux;

2.º Un laminoir à quatre systèmes : cette mécanique, mue par engrenage dans toutes les parties, n'est point sujette aux irrégularités des moteurs à poulies et à cordes;

3.º Une boudinerie à quatre lanternes, qui produit une épargne de main-d'œuvre dans cette préparation;

4.º Une boudinerie à ailettes ou système continu, préparant le boudin pour la filature en gros, et remplaçant à-la-fois les lanternes et le bobinage;

5.º Une filature en gros ou en doux, dite *Strescher*, système *mull-jenny*;

6.º Une filature en fin, même système, avec un moteur hydraulique;

7.° Une filature continue, système *Trossel*, pour les n.°° 30 à 50, et une autre pour les n.°° 80 à 180, pour chaîne.

Le jury a vu dans les mécaniques présentées par M. *Albert*, une parfaite exécution, la réunion de tous les perfectionnemens connus, et quelques améliorations propres à M. *Albert.*

Le jury décerne à M. *Charles Albert* une médaille d'or.

422. M. CALLA, rue du Faubourg-Poissonnière, aux Menus-Plaisirs,

A présenté,

1.° Une carde finissoire, dont le tambour délivrant est en cuivre et conserve la forme cylindrique mieux que ceux en bois : les douves du grand tambour sont faites du même métal, et arrangées de manière qu'on peut faire usage de garnitures de cardes dont les crochets n'auraient pas la même longueur, ou remplacer partiellement par des planches neuves celles qui se trouveraient hors de service ;

2.° Une mécanique à filature continue, de quatre-vingts broches à filer fin pour chaîne, et dont les broches sont placées de manière que la transmission du tors se fait à chaque révolution jusqu'aux cylindres de tirage, sans être interrompue par la pression du

fil contre le fond du guide ; ce qui prévient la rup-
ture des fils, et facilite la filature en très-fin ;

3.° Une mécanique *mull-jenny*, de cent douze
broches, destinée à filer fin pour trame : elle est
construite d'après les meilleurs principes et avec le
plus grand soin.

M. *Calla* s'est depuis long-temps mis au rang
des constructeurs de machines les plus utiles aux
manufactures, et dont les travaux contribuent le plus
aux progrès de notre industrie.

Le jury lui décerne une médaille d'or.

---

423. MM. KLARCK et ANDRÉ, d'Havré, près Mons, département de Jemmape,

Ont présenté une série de broches pour mécaniques à filer la laine et le coton, faites avec soin,
et d'un prix modéré.

MM. *Klarck* et *André* ont formé un établissement
en grand, où ils font deux mille broches par semaine
par des moyens simples et ingénieux qui abrégent
et perfectionnent la main-d'œuvre.

Une pareille manufacture ne peut qu'être très-
utile aux établissemens de filature.

Le jury décerne à MM. *Klarck* et *André* une
médaille d'argent de 1.re classe.

424.. M. PELLUARD, à Liancourt,

Obtint, en l'an 10, une médaille de bronze équivalente à une médaille d'argent de 2.ᵉ classe, pour la bonne fabrication des cardes. Il en a exposé cette année, que le jury a vues avec satisfaction ; elles sont parfaitement fabriquées, et ne peuvent qu'accroître l'estime dont jouissent depuis long-temps les cardes de Liancourt.

425. M. AUGUSTIN CORBILLEZ, de Nonancourt, département de l'Eure ;

426. MM. HACHE et BOURGOIS, de Louviers ;

427. M. J. VALSCH, d'Orléans, actuellement à Paris, rue du Battoir, n.º 5, près le Jardin des Plantes ;

428. M. SCRIVE, de Lille ;

Ont présenté des cardes remarquables par le bon choix du cuir, par la qualité des fils de fer et des fils d'acier, par la régularité dans la distribution des crochets, et par l'intelligence avec laquelle la hauteur du coude est proportionnée à l'épaisseur du cuir.

Le jury leur décerne à chacun une médaille d'argent de 2.ᵉ classe.

429. M. DELAFONTAINE fils aîné, directeur

associé de la filature de Lescure, près Rouen,

A présenté une machine à filature continue, composée d'un petit nombre de broches, destinée à filer pour chaîne dans les n.ᵒˢ de 80 à 100.

M. *Delafontaine* a eu pour objet de faire connaître,

1.º Une nouvelle manière d'enter les cylindres de tirage qui est plus solide et qui donne les moyens de remplacer les collets sans changer les cylindres;

2.º Un moyen de soustraire la bobine à l'action de la broche, afin de pouvoir plus facilement en régler la résistance suivant la finesse du fil;

3.º La forme qu'il conviendrait de donner à la denture des roues d'engrenage, pour obtenir plus d'uniformité dans le mouvement.

Le jury a pris l'idée la plus favorable des connaissances de M. *Delafontaine* dans la mécanique, et de son aptitude pour perfectionner les machines à filer le coton; il lui a décerné une médaille d'argent de 2.ᵉ classe.

———————

LE JURY ARRÊTE qu'il sera fait mention honorable des fabricans dont les noms suivent :

430. M. ANDRIEUX, mécanicien, place Royale, n.º 24, à Paris.

Carde finissoire et *mull-jenny* pour filer en fin; ces deux machines sont très-bien exécutées.

431. M. CAILLON, mécanicien, rue Saint-Martin, n.º 82, à Paris.

Machine propre à canneler les cylindres pour filature.

> *Nota.* Il avait aussi exposé des barres de fer dressées à la varlope et dignes d'être remarquées.

432. M. MAQUENNHEM, d'Escarbotin, département de la Somme.

Cylindres cannelés, pour filature et carderie, construits sur d'excellens modèles : ce mécanicien distingué a monté des ateliers pour fabriquer ces objets en manufacture et au meilleur marché possible; c'est un véritable service qu'il rend aux filatures.

433. MM. BOUCHÉ oncle et neveu, quai Pelletier, n.º 38, à Paris.

Cylindres cannelés, broches, roues d'engrenage et supports pour filature; le tout très-bien exécuté.

Ces Messieurs avaient aussi exposé des outils de tout genre, de très-bonne qualité.

434. M. PEUJOL, de Besançon.

Cylindres cannelés pour filature, fabriqués avec soin.

SECTION 3.
Metiers à tisser.

Médailles
d'Argent,
1.re classe.

435. M. BIARDS, de Rouen,

A présenté une machine à tisser par le simple mouvement de rotation, et qui n'exige que huit à dix jours d'apprentissage de la part d'un tisserand. Cette machine opère le tissage complétement et dans des largeurs indéfinies. La toile se roule seule à mesure qu'elle se fait ; le battant frappe toujours des coups égaux, d'où il résulte que le tissu est plus régulier que lorsqu'on frappe à la main. Cette dernière propriété de la machine de M. *Biards* la rend précieuse, et suffirait pour la recommander à l'attention des fabricans.

Le jury décerne à M. *Biards* une médaille d'argent de première classe.

Médailles
d'Argent,
2.e classe.

436. M. DE VIÉVILLE, à Reverseaux, département d'Eure-et-Loir,

A établi des machines à filer le lin et le chanvre, ainsi que des mécaniques à tisser les toiles, par un simple mouvement de rotation.

Ses échantillons, envoyés à l'exposition, prouvent que ces machines remplissent leur objet.

Le jury décerne à M. *de Viéville* une médaille d'argent de deuxième classe.

SECTION 4.

Métier à fabriquer le filet.

437. M. Buron, de Bourgtheroulde, dé- *Médailles* partement de l'Eure, *d'Or.*

A présenté une machine simple au moyen de laquelle une personne fait une rangée de douze nœuds de filet dans l'espace de douze secondes : il est facile, en augmentant les dimensions de la machine, d'exécuter à-la-fois un plus grand nombre de nœuds, et de fabriquer des filets de différentes largeurs, à mailles plus ou moins ouvertes, et avec toutes les grosseurs de fil qui pourraient être demandées.

Cette machine, qui n'exige de la part de l'ouvrier qu'un petit nombre de mouvemens faciles à exécuter, et qui donne le véritable nœud de filet, peut procurer une grande économie de main-d'œuvre.

Le jury décerne à M. *Buron* une médaille d'or.

SECTION 5.

Hydraulique.

438. MM. Bossu et Solages, de Paris;

Obtinrent, en l'an 9, une médaille d'or pour l'invention de l'écluse à sas mobile ; ils ont présenté, en 1806, une nouvelle manière d'employer une chute d'eau comme moteur ; le modèle d'un moulin à eau sans roue, mis en mouvement par cette nouvelle méthode, a été exposé aux regards du public.

SECTION 6.

Presse. Machine à fendre.

439. M. SALNEUVE, mécanicien, rue Férou, n.º 16, à Paris, ·

Reçut, à l'exposition de l'an 9, une médaille d'argent pour diverses machines ; il a exposé, cette année, une presse de sa construction, composée d'une forte vis et de quatre jumelles. Cette presse, qui sert à l'Imprimerie impériale pour satiner les papiers, est exécutée avec beaucoup de soin.

M. *Salneuve* avait aussi exposé une bonne machine à diviser et à fendre les roues.

Le jury applaudit aux travaux de ce mécanicien, bien digne des distinctions qu'il a précédemment reçues.

CHAPITRE 19.

MACHINES DE PRÉCISION.

SECTION I.

Horlogerie.

§. 1. *Garde-temps, Pendules, Horloges, Montres.*

DE l'examen des ouvrages d'horlogerie qui ont été présentés à l'exposition de 1806, il résulte que la partie de l'exécution est portée au plus haut degré de perfection; mais il y a lieu de craindre que les artistes ne soient tentés d'abuser de leur facilité de main-d'œuvre et de leur talent d'invention, pour faire produire aux ouvrages qu'ils exécutent, des effets trop compliqués et trop subtils. Le jury croit devoir leur rappeler que la justesse, la solidité et la simplicité sont les caractères qui constituent la bonne horlogerie.

Au surplus, le jury se félicite de ce que la seule remarque qu'il ait à faire, porte sur une circonstance qui prouve les grands progrès de l'horlogerie parmi nous, et la haute habileté de nos horlogers.

K

Médailles d'Or.

440. M. BREGUET, place Dauphine, à Paris,

Obtint une médaille d'or à l'exposition de l'an 10. Cet artiste célèbre présente aujourd'hui,

1.° Un mécanisme appelé *parachute*, qui met le balancier à l'abri des accidens des plus fortes chutes;

2.° Plusieurs garde-temps, qui, au moyen d'un mécanisme appelé *tourbillon*, conservent la même justesse, quelle que soit la position, verticale ou inclinée, de la montre;

3.° Des garde-temps sans le mécanisme à tourbillon, dont le balancier porte sa compensation; ils sont à échappement libre et à spirale isochrone : ces instrumens sont exécutés avec beaucoup de soin, et leur prix est modique;

4.° Un échappement appelé *naturel*, qui a l'avantage de n'avoir pas besoin d'huile, et dans le mécanisme duquel il n'entre pas de ressort;

5.° Un échappement appelé par M. *Breguet*, *échappement double*, dont les propriétés sont de ne pas exiger d'huile, de n'avoir pas de frottement, et de réparer à chaque vibration la perte faite par le pendule. Le jury n'ayant pas vu cet échappement appliqué à une machine en mouvement, n'exprimera pas une opinion sur ses effets; mais il peut annoncer que son exécution est le comble de l'adresse et de la perfection.

Il est à remarquer en outre que M. *Breguet* est le premier qui, en France, ait traité la belle horlogerie en manufacture.

Tous ces faits prouvent combien M. *Breguet* est digne de sa haute réputation et de la distinction qui lui fut accordée en l'an 9.

441. M. JANVIER, au pavillon des Quatre-Nations à Paris,

Présenta, à l'exposition de l'an 10, une horloge à sphère mouvante, qui lui mérita une médaille d'or; il présente aujourd'hui une pendule qui donne l'équation du temps par des causes analogues à celles qui la produisent dans le ciel, et sans employer l'ellipse dont on a fait usage jusqu'ici : cette idée appartient entièrement à M. *Janvier.*

Une pendule géographique du même auteur n'a pu être exposée, parce qu'il a dû la livrer pour le service du palais impérial de Fontainebleau.

Tous ces ouvrages prouvent que M. *Janvier* connaît également bien les mouvemens célestes et les moyens mécaniques propres à les représenter : ils ne peuvent qu'affermir et accroître la réputation dont jouit cet artiste distingué.

K 2

442. M. François Robert, horloger à Besançon,

Obtint en l'an 9 une médaille d'argent.

Il établit des montres dans une variété de prix qui s'étend depuis 24 francs jusqu'à 1200 francs : cet horloger soutient dignement la réputation qu'il a acquise aux expositions précédentes.

La manufacture de Besançon s'est distinguée à l'exposition de 1806 par le grand nombre des montres, par la variété des ouvrages et celle des prix : outre M. *Robert,* on y a vu MM. Racine et Breguet de Besançon, dont le talent contribue aussi à soutenir l'activité de cette fabrique.

443. M. Pons, rue de la Huchette, n.° 16, à Paris,

A présenté plusieurs horloges, dont le pendule composé fait des vibrations de demi-seconde avec des arcs constans, au moyen d'un mécanisme ajouté à l'échappement libre.

Toutes les pendules présentées par M. *Pons* sont construites avec intelligence, et exécutées avec la plus grande perfection ; la régularité de leur marche a été constatée par des observations astronomiques.

Le jury décerne à M. *Pons* une médaille d'argent de 1.re classe.

444. MM. LEPAUTE, rue Saint-Thomas du Louvre, n.º 42,

Ont présenté plusieurs ouvrages d'horlogerie, parmi lesquels on distingue, à raison de son importance, une grande horloge publique, à équation, sonnant les heures et les quarts, et n'ayant besoin d'être remontée que tous les dix jours; elle est également remarquable par sa bonne composition, la simplicité et l'élégance de ses formes et la belle exécution de toutes ses parties.

Le nom de MM. *Lepaute* est depuis long-temps célèbre dans l'histoire de l'horlogerie : ceux qui le portent aujourd'hui ne déchoient point de la réputation acquise par leurs prédécesseurs.

Le jury leur décerne une médaille d'argent de 1.ʳᵉ classe.

---

445. MM. ROBIN frères, rue Saint-Honoré, n.º 320,

Ont présenté,

1.º Une montre à treize cadrans, qui fait connaître l'heure qu'il est au même instant dans différentes villes ;

2.º Une pendule qui donne les levers et les couchers du soleil, et les heures dans divers lieux.

Le jury a remarqué que ces ouvrages sont bien exécutés, et prouvent une grande habileté de main-d'œuvre : il a décerné à MM. *Robin* une médaille d'argent de 2.e classe.

446. M. ISABEL, horloger à Rouen,

Présenta, à l'exposition de l'an 10, une montre à secondes, dont il fut fait mention honorable : il présente aujourd'hui une montre simple à remontoir, agissant huit fois par minute, le ressort sans fusée ; et une montre à secondes dont l'échappement est à force constante, et le ressort sans fusée.

Les pièces présentées par M. *Isabel* sont exécutées avec beaucoup de soin ; le jury lui décerne une médaille d'argent de 2.e classe.

---

447. M. OUDIN, horloger, palais du Tribunat, n.° 65, à Paris,

A présenté deux montres : la première se remonte par l'effet seul de l'agitation du *porter* ; la seconde représente le mois synodique et les phases de la lune.

Cet artiste paraît très-intelligent, et ses montres sont exécutées avec beaucoup de perfection.

Le jury en fait mention honorable.

448. M. LORY horloger, rue de Jouy, n.° 19, à Paris,

A présenté une pendule à secondes, dont l'exécution est soignée et prouve du talent.

Le jury en fait mention honorable.

§. 2. *Arts servant à l'Horlogerie.*

449. M. DESBLANCS, horloger mécanicien, à Trévoux, département de l'Ain,

A présenté des rouleaux ou verges de balancier de montre faits en manufacture, au moyen de machines particulières : ces rouleaux sont employés par les horlogers les plus célèbres de la capitale. Les formes sont exactes, l'acier est bien choisi, les palettes sont trempées et les pivots recuits au degré convenable. Les moyens ingénieux employés par M. *Desblancs* lui ont permis de modérer les prix en améliorant les qualités.

Le jury, considérant que l'établissement de M. *Desblancs* est un service rendu à l'horlogerie, arrête qu'il sera fait mention honorable spéciale de ce mécanicien.

———

LE JURY ARRÊTE qu'il sera fait mention honorable des fabricans ci-après dénommés :

450. M. JAPY, de Beaucourt, département du Haut-Rhin,

Qui a présenté des mouvemens de montre exécutés par des moyens mécaniques. Il fut déjà honorablement mentionné en l'an 10 pour cet objet, qu'il perfectionne tous les jours.

Il a aussi exposé des vis à bois très-bien faites.

K 4

451. M. MIGNARD-BILLINGE, à Belleville, près Paris,

Qui prépare pour l'horlogerie de l'acier à pignon, bien choisi dans sa qualité, et travaillé dans les formes les plus convenables.

452. MM. ABRAHAM père et fils, de Montéchéroux, département du Doubs,

Qui fabriquent à des prix modérés des assortimens complets d'outils pour l'horlogerie, qui sont employés dans les ateliers les plus renommés de Paris.

SECTION 2.

Instrumens.

453. M. LENOIR, rue de la Place-Vendôme, au Dépôt de la marine, à Paris,

A exposé une collection de vingt-un instrumens nouveaux ou perfectionnés, à l'usage des astronomes et des marins, ou servant aux opérations de géodésie, de nivellement et de gnomonique : parmi ces instrumens, précieux par leur solidité et leur précision, le jury a remarqué le nouveau pied que M. *Lenoir* a donné au cercle astronomique de *Borda*. Ce cercle, tel que l'avait conçu son savant auteur, exigeait indispensablement la présence de deux observateurs : avec le nouveau pied imaginé Médailles par M. *Lenoir*, un seul pourra prendre, à-peu-près d'Or. dans le même temps, le même nombre d'angles avec la même exactitude.

M. *Lenoir* a été trouvé digne de la distinction du premier ordre dès l'exposition de l'an 6 ; le jury est persuadé qu'il suffit de connaître ses travaux pour porter de lui ce jugement, qui serait au surplus suffisamment motivé par l'inspection des seuls instrumens qu'il a exposés en 1806.

---

454. M. FOURCHÉ, balancier, rue de la Ferronnerie, n.º 4, à Paris,

A présenté à l'exposition,

1.º Une grande balance construite avec beaucoup Médailles de précision, et qu'on peut rendre plus ou moins d'Argent, sensible à raison des poids dont elle est chargée : 1.re classe. chaque plateau contenant vingt kilogrammes, il suffit de trois centigrammes pour la faire trébucher ;

2.º Une romaine propre à peser depuis cent jusqu'à neuf cents kilogrammes, sans qu'on soit obligé de la retourner, et sans que sa sensibilité soit détruite.

Le jury décerne à M. *Fourché* une médaille d'argent de 1.re classe.

---

455. MM. JECKER frères, rue des Deux-Portes, n.° 10, à Paris,

Ont obtenu, en l'an 9, une médaille de bronze, équivalente à une médaille d'argent de 2.e classe. Ils ont le mérite d'avoir les premiers établi en grand la fabrication des instrumens d'astronomie, de marine et d'optique. Ils ont présenté à l'exposition, des cercles de réflexion de *Borda*, des sextans et des lunettes qui rivalisent avec ce que l'Angleterre a de plus estimé dans ce genre.

Le jury n'a que des marques de satisfaction à donner à MM. *Jecker*, et à les louer de l'émulation et de la persévérance avec lesquelles ils ont étendu et perfectionné leur fabrication.

***

LE JURY ARRÊTE qu'il sera fait mention honorable des fabricans dont les noms suivent :

456. M. LEREBOURS, opticien de l'Empereur, place de Thionville, n.° 13, à Paris,

A exposé deux lunettes trouvées supérieures à celles de *Dollond*, pour les objets célestes, et au moins égales pour les objets terrestres.

M. *Lerebours* obtint la mention honorable, à l'exposition de l'an 10 : le jury reconnaît avec satisfaction qu'il acquiert tous les jours de nouveaux titres à la confiance publique, et qu'il se place au premier rang pour la construction des grandes lunettes.

457. M. HARING, palais du Tribunat, n.° 63,

Pour des lunettes de même grandeur que celles de *Dollond*, trouvées très-bonnes.

Pour une machine pneumatique bien exécutée.

458. M. KRUINESS, quai de l'Horloge-du-Palais à Paris,

Pour une lunette achromatique.

459. M. LANÇON, rue du Faubourg du Temple, à Paris,

Fabricant de flint-glass très-propre à la composition des lunettes achromatiques.

CHAPITRE 20.

TYPOGRAPHIE.

460. M. PIERRE DIDOT, rue du Pont-de-Lodi, n.° 6;

M. FIRMIN DIDOT, rue du Regard, n.° 4.

La distinction du premier ordre équivalente à la médaille d'or, fut décernée à MM. *Didot* dès l'an 6: ils présentèrent en l'an 9 leur *Horace* in-fol., et le premier volume de leur *Racine* in-fol., deux livres regardés comme les plus belles productions de la typographie de tous les pays et de tous les âges. M. *Pierre Didot* a montré, à l'exposition de 1806, le *Racine* complet, les *Fastes*, et quelques ouvrages sortis de ses presses.

Non content d'avoir, comme graveur, perfectionné et embelli les caractères usités, M. *Firmin Didot* a étendu la sphère de la typographie, en gravant un nouveau caractère pour représenter l'écriture cursive : l'imitation est parfaite; la liaison entre les lettres voisines et entre les parties d'une même lettre, quoiqu'avec des caractères mobiles, se fait par des traits continus comme dans l'écriture à la main, sans qu'on puisse distinguer le point de jonction.

À l'aide de ce procédé, les petites écoles pourraient Médailles être fournies, à bas prix, de bons modèles d'écri- d'Or. ture : on parviendrait ainsi à rendre plus commun le talent de la belle écriture, dont la rareté se fait sentir dans l'administration et dans le commerce ; et les Français auraient enfin une écriture cursive nationale, régulière et uniforme.

Il serait inutile d'insister sur le mérite de MM. *Didot;* leurs ouvrages sont connus et admirés de tous les amateurs de la belle typographie en Europe, qui joindraient, au besoin, leur suffrage à celui des jurys qui ont successivement proclamé la prééminence de ces habiles imprimeurs.

461. M. BODONI, de Parme,

Est un des hommes qui ont le plus contribué aux progrès que la typographie a faits dans le XVIIIe siècle et de notre temps ; il réunit plusieurs talens ordinairement séparés, et pour chacun desquels il mériterait la distinction du premier ordre; il a gravé lui-même les caractères qui ont servi à imprimer ses belles éditions. Il est à remarquer, à l'honneur de M. *Bodoni,* qu'il a exécuté tous ses travaux dans un pays où il était seul, abandonné à ses propres moyens, et où la typographie était, avant lui, plus négligée que dans aucun autre pays de l'Europe.

Le jury se félicite d'avoir à exprimer son estime pour le talent de cet homme célèbre; il lui décerne une médaille d'or.

---

462. M. HENRI DIDOT, graveur de caractères, à Paris, rue du Petit-Vaugirard, n.° 13,

A présenté à l'exposition une machine pour fondre les caractères, qu'il a nommée *moule à refouloir :* à l'aide de ce moule, on obtient toujours des caractères sans soufflure, qui prennent exactement l'empreinte de la gravure et des traits les plus déliés. Le jury a trouvé une amélioration réelle dans le procédé de M. *Henri Didot ;* il lui décerne une médaille d'argent de 1.re classe.

---

463. M. GILLÉ, fondeur de caractères, rue Saint-Jean-de-Beauvais, n.° 28, à Paris,

A présenté de beaux caractères d'imprimerie, des ornemens, des vignettes, &c.

A l'exposition de l'an 10, la beauté et la variété de ses caractères lui méritèrent une médaille de bronze équivalente à une médaille d'argent de 2.e classe; il continue d'être digne de cette distinction.

464. M. PINARD, imprimeur à Bordeaux,

Médailles d'Argent, 2.e classe.

A formé un établissement pour la fonte des caractères d'imprimerie; il a envoyé à l'exposition, des épreuves de ses caractères, qui ont été vues avec intérêt. Il s'occupe particulièrement de l'application de l'art typographique aux usages du commerce.

Le jury a décerné à M. *Pinard* une médaille d'argent de 2.e classe.

———————————

LE JURY ARRÊTE qu'il sera fait mention honorable de

Mentions honorables.

465. M. LEVRAULT, imprimeur à Strasbourg,

Pour la belle exécution de l'ouvrage intitulé, *Relation des fêtes données par la ville de Strasbourg à leurs Majestés impériales, à leur retour d'Allemagne;*

Et de

466. M. LAURENT BOURNOT, de Langres,

Qui a présenté des caractères fondus et gravés par lui avec soin.

CHAPITRE 21.

CHALCOGRAPHIE.

Médailles
d'Or.

467. MM. Joubert et Masquelier, rue de la Harpe, n.º 117,

Ont obtenu, à l'exposition de l'an 10, une médaille d'or pour la gravure de la *Galerie de Florence:* ils en exposèrent alors vingt-trois livraisons; ils en sont maintenant à la trente-quatrième. Le jury voit avec satisfaction que cette entreprise se continue avec succès, et qu'elle se maintient au niveau de la distinction qui leur a été décernée.

468. M. Baltard, rue du Bacq, à Paris,

A entrepris un ouvrage représentant Paris et ses monumens.

Cet ouvrage sera lui-même un monument élevé à la gloire de l'architecture et de la sculpture françaises, par un seul homme chez qui se trouve la réunion peu commune des talens nécessaires au succès de cette grande entreprise. M. *Baltard* est à-la-fois dessinateur, architecte et graveur, et il est très-habile dans chacun de ces arts.

Les parties de l'ouvrage de M. *Baltard* qui ont déjà paru, suffisent pour faire juger qu'il égalera, s'il

ne

ne les surpasse point, les plus beaux ouvrages d'ar- Médailles
d'Or.
chitecture publiés chez l'étranger. Il contribuera
beaucoup à étendre la célébrité des monumens français, trop peu appréciés même parmi nous ; il faci-
litera l'étude de l'architecture, et répandra le goût
du beau dessin.

Le jury décerne à M. *Baltard* une médaille d'or.

469. MM. ROBILLARD et LAURENT, rue de la Concorde, n.º 9,

Ont exposé plusieurs livraisons de la collection du
Musée français. Cette grande entreprise de gravure
et de librairie est parfaite dans l'exécution ; elle a
soutenu et relevé l'art de la gravure, qui commençait
à décliner en France, pendant que tous les arts de
dessin s'y régénéraient : depuis peu d'années, la
gravure a fait de tels progrès, que nous pouvons
espérer de voir bientôt nos graveurs l'emporter sur
les plus habiles des autres pays.

Le jury décerne à MM. *Robillard* et *Laurent* une
médaille d'or.

————

470. MM. PIRANESI frères, au collége des Grassins, à Paris,

Médailles
d'Argent.
1.re classe.

Obtinrent, en l'an 9, une médaille d'argent,
pour avoir formé à Paris un établissement de chalco-
graphie ; ils ont exposé, cette année, des gravures

I.

de monumens antiques, et des sculptures plastiques, fabriquées à leur établissement de Plailly, près Morfontaine.

MM. *Piranesi* soutiennent parfaitement leur réputation.

471. MM. Treuttel, Wurtz, Milling et Née, rue de Lille, n.° 17,

Ont formé l'entreprise d'un *Voyage à Constantinople.* Plusieurs planches d'une belle exécution ont été exposées aux regards du public.

Ce travail est fait pour honorer l'industrie française; il étendra les connaissances sur le Levant. Le jury a pensé qu'une entreprise qui réunit ces avantages, mérite d'être encouragée.

Il a décerné une médaille d'argent de 1.re classe à MM. *Treuttel, Wurtz, Milling* et *Née.*

472. M. Denné le jeune, rue Vivienne, n.° 12, à Paris,

A présenté une collection d'oiseaux de paradis gravés d'après les dessins de M. *Barraband.* Cet ouvrage, où les objets sont représentés avec la plus grande perfection, peut, en fournissant des modèles, devenir très-utile aux manufactures de papiers peints, de toiles imprimées, de tapisseries, de porcelaines, et en général à toutes les manufactures qui emploient le dessin.

Le jury décerne à M. *Denné* une médaille d'argent de première classe.

---

473. M. LANDON, quai Bonaparte, n.° 1, à Paris,

Médailles d'Argent, 2.ᵉ classe.

474. M. FILHOL, rue des Francs-Bourgeois-Saint-Michel, n.° 785, à Paris,

Ont entrepris la gravure des tableaux du Musée Napoléon, mais dans un format et avec un genre de travail qui mettent l'acquisition de leur ouvrage à la portée des fortunes moyennes, et permettent d'en tenir le prix au niveau des livres ordinaires.

L'ouvrage de M. *Landon* est intitulé, *Annales du Musée :* quoique la gravure n'y soit qu'au trait, elle rend parfaitement l'esprit des tableaux.

M. *Landon* a, en outre, exposé son ouvrage des *Vies des peintres*, qui mérite les mêmes éloges.

L'ouvrage de M. *Filhol* est connu sous le nom de *Gravures du Musée Napoléon ;* il est d'une très-bonne exécution.

Nous avons en France une grande classe de manufactures qui doivent tout leur succès au goût du dessin.

Les ouvrages de MM. *Landon* et *Filhol*, en répandant la connaissance des bons modèles, contribuent à perfectionner ce goût et à le rendre plus général.

Le jury leur décerne à chacun une médaille d'argent de 2.ᵉ classe.

475. M. AUBER, rue Saint-Lazare, n.º 4, à Paris,

A présenté le premier volume d'un ouvrage ayant pour titre, *Tableaux historiques des campagnes des Français en Italie :* c'est une collection de gravures faites d'après des dessins de M. *Vernet,* composés sur des vues exactes des lieux ; les gravures sont bien faites, et le texte est imprimé avec de très-beaux caractères d'*Herhan :* c'est le premier ouvrage considérable consacré à la gloire des armées françaises.

Le jury décerne à M. *Auber* une médaille d'argent de 2.ᵉ classe.

LE JURY ARRÊTE qu'il sera fait mention honorable de

476. M. ÉTIENNE MICHEL, rue des Francs-Bourgeois, n.º 6, à Paris,

Nouvel éditeur du Traité des arbres et arbustes de *Duhamel,* d'après les dessins coloriés de M. *Redouté.* Cet ouvrage est utile à l'agriculture ; les manufactures qui emploient le dessin, pourront y trouver des modèles.

CHAPITRE 22.

MOSAÏQUE, INCRUSTATIONS, RELIEFS.

477. M. BELLONI, rue des Cordeliers, n.° 11. Médailles
d'Argent,
A présenté plusieurs objets en mosaïque, exécutés, 2.ᵉ classe.
sous sa direction, par des élèves SOURDS-MUETS. La
mosaïque est un art récemment introduit parmi nous :
son objet est de conserver, pour la postérité, des tableaux qui, par la fragilité de leurs matériaux, ne
peuvent avoir qu'une durée limitée; M. *Belloni* possède à fond les détails de ce bel art.

Le jury lui décerne une médaille d'argent de
2.ᵉ classe.

LE JURY ARRÊTE qu'il sera fait mention hono- Mentions
honorables.
rable des artistes ci-après dénommés :

478. MM. LAGRÉNÉE et NOIR,

Qui ont imaginé un procédé pour teindre les
marbres et en faire des incrustations imitant la
mosaïque.

479. M. ALLEAUME, rue des Quatre-Vents,
n.° 4, à Paris,

Pour des cartes géographiques en relief, présen-
tant l'aspect fidèle du terrain; elles sont portatives,
et susceptibles d'être multipliées par le polytypage.

CHAPITRE 23.

APPAREILS DE COMBUSTION.

SECTION I.

Chauffage.

480. M. DESARNOD, rue Neuve-des-Mathurins, à Paris,

Obtint, à l'exposition de l'an 6, la distinction du premier ordre, équivalente à la médaille d'or, pour avoir présenté des poêles et des cheminées économiques perfectionnées.

Aux expositions de l'an 9 et de l'an 10, il présenta de nouveaux perfectionnemens, qui lui méritèrent les éloges des jurys.

Cet artiste, continuellement attentif à perfectionner les moyens d'échauffer les appartemens par les procédés les plus économiques et les plus salubres, a présenté des poêles et des cheminées qui réunissent plusieurs avantages, et qui prouvent que M. *Desarnod* soutient sa réputation.

481. M. THILORIER, de Paris,

A présenté un poêle perfectionné, auquel il a appliqué un appareil qu'il désigne sous le nom de *Condensateur des produits de la combustion*, dont l'avantage est de retenir plus de chaleur dans l'appar- Médailles d'Argent, 2.ᵉ classe.

tement, de renouveler l'air par un courant qui est chaud quoiqu'il arrive de l'extérieur, et de dépouiller la fumée de toute sa chaleur avant sa sortie des tuyaux. Ce poêle, mis en expérience, a bien réussi.

M. *Thilorier* fut honorablement mentionné en l'an 10, pour des appareils de combustion; il a continué de s'occuper avec succès du perfectionnement de ces appareils.

Le jury lui décerne une médaille d'argent de 2.ᵉ classe.

———————

Mentions honorables.

LE JURY ARRÊTE qu'il sera fait mention honorable des artistes et des fabricans dont les noms suivent :

482. M. CURAUDEAU, rue de Vaugirard, n.º 52,

Qui a été jugé digne d'une médaille d'argent de 1.ʳᵉ classe pour la fabrication des aluns, s'occupe (1) aussi beaucoup des moyens d'économiser le combustible. Parmi les appareils qu'il a présentés, on a distingué un poêle adopté par plusieurs corroyeurs pour échauffer leurs étuves; il remplace avec beaucoup d'avantages les foyers découverts généralement en usage, et qui produisent souvent des asphyxies.

———————

(1) *Voyez*, ci-après, chapitre 24, page 174, n.º 491.

483. M. VOYENNE, chef de l'établissement
de poêlerie, rue du Battoir, n.º 22, à
Paris.

Il a présenté plusieurs appareils et des fourneaux
qui prouvent qu'il est habile constructeur de poêles,
connaissant parfaitement la théorie de la combustion,
l'art de la diriger, d'économiser le combustible et de
bien distribuer la chaleur.

484. HYSETTE, serrurier, à Gand.

Il a présenté deux cheminées propres à la combustion de la tourbe et de la houille. M. *Hysette*
a présenté plusieurs autres objets qui prouvent
qu'aux talens de sa profession il joint les connaissances d'un habile mécanicien.

485. M. BOURIAT, pharmacien, à Paris.

Il a présenté un fourneau économique à l'usage
des pauvres.

SECTION 2.

Éclairage.

486. MM. CARCEL et compagnie, rue
de l'Arbre-Sec, n.º 18, à Paris,

Obtinrent, en l'an 9, une médaille de bronze
équivalente à une médaille d'argent de 2.ᶜ classe,
pour leur lampe mécanique.

Ces artistes ont eu les premiers l'idée d'élever l'huile à la hauteur de la flamme, par un moyen indépendant de la succion capillaire ; ils exécutèrent cette idée par un mécanisme placé dans le pied de la lampe, et ils sont parvenus à produire la clarté la plus vive.

Les lampes mécaniques de MM. *Carcel* et compagnie ont reparu à l'exposition de 1806 avec des perfectionnemens qui ajoutent à la commodité du service, et qui prouvent que ces artistes n'ont pas cessé d'être dignes de la distinction qu'ils ont obtenue.

487. M. JOLY, rue des Fossés-S.ᵗ-Germain, n.º 43, à Paris,

Fut jugé digne, en l'an 10, d'une médaille de bronze équivalente à une médaille d'argent de 2.ᵉ classe, pour avoir ajouté des perfectionnemens à la lampe à double courant d'air.

Il a trouvé, depuis, une construction au moyen de laquelle une seule mèche peut projeter la lumière de tous côtés : cette construction exige, à la vérité, qu'on rétablisse le niveau de l'huile après quelques heures de service; mais cela est facile, et c'est un inconvénient léger, qui est compensé par le bas prix de cette lampe.

Le jury voit avec satisfaction que la distinction

accordée à M. *Joly* a été pour lui un nouveau motif de perfectionner son industrie.

488. MM. Girard frères, rue de Provence, n.º 12, à Paris,

Ont eu l'idée heureuse de maintenir l'huile au niveau du porte-mèche par le seul équilibre des fluides que la lampe renferme, et ils l'ont exécutée avec une adresse et une intelligence parfaites. Ces lampes, nommées *hydrostatiques*, se font encore remarquer par l'élégance des formes, et par la beauté des vernis et des globes de verre dépoli qui en adoucissent la lumière. Le jury a vu avec satisfaction que ces artistes sont parvenus à rétablir le premier état de pression par un simple renversement; ce qui fait cesser le danger de l'épanchement et l'incommodité du service pour vider le réservoir qui en formait la base.

Le jury décerne à MM. *Girard* frères une médaille d'argent de deuxième classe.

MM. *Girard* ont présenté, en outre, des plateaux décorés mécaniquement et une lunette achromatique, dans laquelle ils ont remplacé le flint-glass par un fluide. Ces objets étaient susceptibles de concourir pour des distinctions supérieures, s'ils avaient été plus abondans dans le commerce.

489. M. BORDIER, de Versoix, successeur d'ARGAND,

A présenté des réverbères pour l'éclairage des villes : la lumière y est fournie par une lampe à double courant d'air; elle est réfléchie en rayons parallèles entre eux, par des miroirs paraboliques dont l'axe est à-peu-près horizontal.

L'essai en a été fait à Paris, sur la demande et en présence du jury. Un seul de ces nouveaux réverbères en remplaçait deux de ceux qui sont actuellement employés, et cependant la rue était mieux éclairée. D'après cet essai, le jury pense que le nouveau procédé d'éclairage proposé par M. *Bordier* mérite d'être pris en grande considération.

Si le temps avait permis de faire subir à ces réverbères une plus longue suite d'expériences, et si le résultat avait été en leur faveur comme celui qui vient d'être rapporté, le jury aurait décerné une médaille à M. *Bordier*.

SECTION 3.

Lampes docimastiques.

490. M. BERTIN, rue de la Sonnerie, n.° 1, à Paris,

A présenté des lampes docimastiques; il obtint, pour cet objet, une mention honorable en l'an 10, et n'a pas cessé d'en être digne.

CHAPITRE 24.

ARTS ET PRODUITS CHIMIQUES.

SECTION I.

Alun.

LA fabrication de l'alun a fait, depuis la dernière exposition, des progrès rapides. A cette époque, les aluns de fabrique contenaient beaucoup trop d'acide et n'étaient pas assez privés de fer; la présence de ce métal se faisait sentir d'une manière nuisible dans les opérations de teinture qui avaient pour but d'obtenir certaines nuances fines et délicates, auxquelles on parvient facilement, lorsqu'on emploie l'alun connu sous le nom d'*alun de Rome*. Aujourd'hui nous avons plusieurs établissemens très en grand, dont l'alun rivalise de très-près avec celui de Rome : c'est encore une des nouvelles acquisitions de l'industrie française, et elle n'est pas la moins importante; la consommation des aluns dans nos manufactures est considérable.-Il n'y a que peu d'années que nous tirions de l'étranger la plus grande partie de celui que nous employions : aujourd'hui l'importation n'a pas entièrement cessé ; mais elle est singulièrement diminuée.

491. M. CURAUDEAU, rue de Vaugirard, n.º 52, à Paris,

A exposé de l'alun de sa fabrique, pourvu de toutes les qualités désirables. M. *Curaudeau* est un de ceux qui ont le plus perfectionné la fabrication de l'alun, pour laquelle il a un établissement en grand.

Le jury lui décerne une médaille d'argent de première classe.

SECTION 2.

Soude.

L'ESPAGNE a été en possession jusqu'ici de fournir, non-seulement à la France, mais à toute l'Europe, la presque totalité de la soude qui y est employée. Cela forme un objet important, parce que la consommation de cet alcali est fort étendue; les savonneries, les verreries, les teintureries, les blanchisseries, en emploient des quantités considérables: plusieurs établissemens commencent à nous affranchir de ce tribut.

LE JURY fait mention honorable des fabricans dont les noms suivent :

492. M. CARNY, à Dieuze, département de la Meurthe ;

493. M. SAVARY, de Rouen;

494. M. PELLETEAU, de Rouen.

Ces fabricans ont présenté de la soude et du carbonate de soude bien préparés, et qu'on peut employer avec succès dans les arts.

SECTION 3.

Sulfate de fer.

IL y a peu d'années que la France ne produisait point assez de sulfate de fer pour les besoins de ses manufactures ; une grande quantité de ce sel était importée chaque année d'Angleterre : le progrès des connaissances chimiques a mis la France en état de se passer de ses voisins pour cet article comme pour beaucoup d'autres ; nous possédons aujourd'hui un grand nombre d'établissemens qui fabriquent tout le sulfate de fer nécessaire à la consommation intérieure. En général, les produits de ces établissemens sont très-bons.

LE JURY croit devoir distinguer et mentionner honorablement les fabricans dont les noms suivent :

495. MM. CLÉMENT et DESORMES, à Verberie, département de l'Oise.

Ces habiles chimistes font l'application de leurs connaissances à leur fabrication, et produisent du sulfate de fer d'une qualité supérieure.

496. M. GAILLARD, de Saint-Paul, département de l'Oise ;

497. M. MAGNAN, à Marseille ;

498. M. MARC COSTEL, rue de l'Oursine,
n.° 23, à Paris.

Ces trois manufacturiers fabriquent du sulfate de
fer d'excellente qualité.

M. *Marc Castel* y joint la fabrication du sulfate
de cuivre.

SECTION 4.

Vinaigre.

499. M. C. A. DEGOUVENAIN, rue des
Champs, à Dijon, ayant un dépôt à Paris,
chez les frères *Graffe*, rue S. Thomas-
du-Louvre,

Qui obtint, en l'an 10, une médaille de bronze
pour la bonne qualité de ses vinaigres, en a présenté cette année, qui soutiennent l'opinion qu'on
en avait prise d'après des expériences comparées.

La fabrique de M. *Degouvenain* acquiert tous les
jours plus de consistance, et il n'a pas cessé d'être
digne de la distinction qu'il a obtenue.

SECTION 5.

SECTION 5.

Minium.

LE JURY ARRÊTE que les fabricans dont les noms suivent, seront mentionnés honorablement: Mentions honorables.

500. M. UTZSCHNEIDER, de Sargue-mines (1).

Son minium est employé dans la fabrication des cristaux de Saint-Louis, jugés dignes de la médaille d'argent de première classe.

501. M. DARTIGUES, à la verrerie de Vonêche, département de Sambre-et-Meuse.

Il a présenté avec son minium une belle litharge et plusieurs autres préparations de plomb.

502. M. PECARD fils, à Tours.

503. MM. HUSSON et VERDIER, rue de la Roquette, n.º 72, à Paris.

Le minium présenté par ces deux fabricans ainsi que par les deux précédens, réunit les propriétés qui annoncent une belle fabrication, savoir, une

_____

(1) Il sera encore parlé de M. *Utzschneider* et de M. *Dartigues* ci-après. Voyez *page 191*, n.º 532; *page 194*, n.º 545; et *page 186*, n.º 526.

Mentions
honorables. très-grande finesse, une belle couleur rouge, et un coup-d'œil cristallin.

Le minium est encore une préparation pour laquelle nous payions à l'industrie des Anglais et des Hollandais un tribut dont les progrès de la chimie nous auront bientôt affranchis.

SECTION 6.

Couleurs.

Médailles
d'Argent,
1.re classe. 504. M. C. A. PRIEUR, rue Saint-Domi-
nique, n.º 53,

A présenté des couleurs liquides à l'usage des manufactures de papiers peints ; parmi ces couleurs,
il en est beaucoup qui n'avaient point été faites en
France avant lui. Sa fabrique, dirigée par des connaissances chimiques étendues, contribue à la perfection de nos papiers peints.

M. *Prieur* a aussi exposé des papiers unis très-
beaux, peints avec ses couleurs.

Le jury lui décerne une médaille d'argent de
1.re classe.

SECTION 7.

Crayons.

Médailles
d'Or. 505. M. HUMBLOT, gendre de feu CONTÉ,
place du Tribunat, n.º 223,

A présenté des crayons fabriqués par les procédés de M. *Conté*, découverte que le jury de l'an 9 jugea digne d'une médaille d'or. M. *Humblot* doit être félicité de ce qu'il maintient cette fabrication, qui forme pour la France une nouvelle branche de commerce, au degré de perfection où l'avait portée M. *Conté.*

SECTION 8.

Colle-forte.

LA fabrication de la colle-forte est un objet d'un assez grand intérêt, vu l'usage que l'on en fait dans plusieurs arts : pendant long-temps, la colle-forte consommée en France y était importée de l'étranger; on la tirait presque entièrement de l'Angleterre et de la Hollande; aujourd'hui les fabriques françaises en versent dans le commerce suffisamment pour les besoins des arts.

506. M. DUCHET, fabricant de colle, à Paris, rue Traversière-Saint-Antoine,

Médailles d'Argent, 1.re classe.

A présenté des colles remarquables par leur blancheur et leur ténacité : il fut mentionné honorablement à l'exposition de l'an 10; le jury trouve qu'il s'est perfectionné, et lui décerne une médaille d'argent de deuxième classe.

507. M. ESTIVAUT-DE-BRAUX, de Givet, département des Ardennes,

A envoyé de la colle-forte d'une belle transparence et d'une bonne qualité.

Le jury lui décerne une médaille d'argent de deuxième classe.

SECTION 9.

Objets divers.

LE JURY ARRÊTE que les fabricans dont les noms suivent, seront cités dans le rapport :

508. M. Albert ANSALDO, de Gènes.

Il fabrique du sulfate de magnésie ou sel d'Epsom bien préparé et plus pur que celui du commerce.

509. MM. MICHEL et CHASSEBEAU, de Marseille,

Pour du soufre raffiné avec des appareils plus parfaits que les appareils ordinaires.

510. M. CHOMEL, faubourg Saint-Honoré, n.º 21, à Paris,

Pour avoir présenté du camphre artificiel brut et

affiné, de sa fabrication, comparable à celui que le commerce tire de l'Inde.

511. M. DECROOS, de Bagnolet près Paris,

Pour avoir fabriqué du savon parfaitement égal à celui qui est recherché dans le commerce sous le nom de *savon de Windsor.*

512. MM. SECRETAN et OLIVIER, à Surjoux près Seyssel, département de l'Ain;

513. MM. LEBEL et compagnie, à Lambertsloch, département du Bas-Rhin,

Qui ont formé des établissemens où ils travaillent l'asphalte pour en extraire du brai, de l'huile grasse d'asphalte et de l'huile de pétrole.

514. MM. CAILLAS frères,

Qui ont formé un établissement pour opérer la carbonisation de la tourbe dans des fours de leur invention, où ils peuvent se rendre maîtres du feu; ils ont déjà fourni à la consommation une quantité considérable de charbon de tourbe.

515. M. FLEURET, de Pont-à-Mousson, département de la Meurthe,

Pour avoir composé une pierre factice propre

M 3

à former des conduits d'eau et des plates-formes sur les édifices ; cette pierre n'est altérée ni par le soleil ni par la gelée.

516. M. ROCHET, de Faucogney, département de la Haute-Saone,

Pour avoir préparé une matière qui peut, dans un grand nombre d'ateliers, remplacer l'émeri.

517. M. WEBERS, de Bourgbrohl, département de Rhin-et-Moselle,

Qui livre au commerce des quantités considérables de trass pulvérisé, substance très-avantageuse pour les constructions hydrauliques.

518. M. DECLERK,

Pour avoir mis en valeur les granits des montagnes des Vosges et de la Haute-Saone. Les scieries établies à Moulines et à Melisey fournissent des ouvrages dont l'emploi devient précieux par la variété des grains et des couleurs et par la perfection du poli.

519. Les habitans d'OBERSTEIN, département de la Sarre.

Le jury a vu avec intérêt le prix que l'industrie de ces habitans est parvenue à donner aux agates, aux bois pétrifiés et aux cailloux des montagnes de ce département.

520. Les habitans du VIEIL-SALM, dépar- Citations.
tement de l'Ourte.

Le jury applaudit également au parti que ces
habitans ont su tirer d'une roche placée sur leur
territoire, dont ils emploient les fragmens à fabriquer des pierres à rasoir, d'une qualité qui est
unique en Europe.

M 4

CHAPITRE 25.

VERRERIE.

SECTION I.

Cristaux.

Médailles
d'Or.

521. M. B. F. LADOUEPE-DUFOUGERAIS, entrepreneur de la manufacture de cristaux de S. M. l'Impératrice, au Creusot, près Montcenis, ayant son dépôt à Paris, rue de Bondy, n.°ˢ 8 et 10.

Une médaille d'argent fut décernée aux cristaux de Montcenis, à l'exposition de l'an 9. Cette manufacture se présenta avec une nouvelle distinction en l'an 10 : elle a paru à l'exposition de l'an 1806, et s'est montrée supérieure par l'éclat de son cristal, par le goût dans les formes et dans l'emploi de la taille à diamans.

Le jury a vu de beaux lustres sortis de Montcenis ; il en a été exporté des cristaux qui ont obtenu, chez l'étranger, la préférence sur les cristaux de fabrique anglaise.

Le jury décerne à M. *Ladouepe-Dufougerais* une médaille d'or.

522. MM. SEILER, VALTER et compagnie,

entrepreneurs de la verrerie de S.ᵗ-Louis, département de la Moselle,

Obtinrent, à l'exposition de l'an 10, une médaille d'argent pour leurs cristaux, d'un brillant parfait, sans bulles ni stries. Le jury a vu avec une vive satisfaction les cristaux qu'ils ont exposés cette année ; il applaudit au succès avec lequel, en se montrant continuellement supérieurs à eux-mêmes, ils maintiennent leur établissement au rang distingué qu'il a acquis dans l'estime publique.

---

523. La verrerie de ROMESNIL,

A présenté des cristaux, qui, par la beauté de la matière, par le bon goût des formes et de la taille, et par la vivacité du poli, auraient concouru pour les médailles du premier ordre, si M. *Scipion Perier,* son propriétaire, n'avait demandé à être mis hors de concours, parce qu'il est membre du jury.

---

524. La verrerie de la CHIUSA, département de la Stura,

A présenté du beau cristal.

LE JURY en fait mention honorable.

SECTION 2.

Glaces.

525. La manufacture de glaces de PARIS.

Cette manufacture, connue de toute l'Europe, n'y a point de rivale.

Le jury lui décerne une médaille d'or.

> *Nota.* Elle a exposé plusieurs glaces à différens degrés de fabrication, parmi lesquelles il y en a une tout étamée, qui, par ses dimensions et sa pureté, est un chef-d'œuvre. Elles sont fabriquées avec des soudes préparées en France, et extraites du sel marin.

SECTION 3.

Verre à vitre.

526. M. DARTIGUES, propriétaire des verreries de Vonêche, département de Sambre-et-Meuse, près Givet.

Avant M. *Dartigues*, le verre à vitre que fournissait la verrerie de Vonêche était peu estimé ; ce fabricant, qui paraît très-versé dans toutes les connaissances relatives à la vitrification, fait aujourd'hui du verre excellent : celui qu'il a présenté à l'exposition, a été trouvé beau et de bonne qualité; on l'a soumis aux épreuves les plus fortes et les plus décisives, sans pouvoir altérer sa transparence. M. *Dartigues* a aussi exposé de fort beaux cristaux fabriqués à Vonêche.

Le jury décerne à M. *Dartigues* une médaille d'argent de première classe.

———

LE JURY ARRÊTE qu'il sera fait mention hono- Mentions rable des fabriques et fabricans dont les noms honorables. suivent :

527. La verrerie de MONTHERMÉ, département des Ardennes.

Le verre à vitre présenté par cette manufacture a très-bien soutenu les épreuves les plus fortes et les plus décisives.

La même verrerie a présenté un grand cylindre et une calotte sphérique en verre, qui, par la beauté de la matière, les difficultés et la réussite de la fabrication, lui font le plus grand honneur.

528. M. GRIMBLON, de Marseille.

Ce fabricant n'a présenté que des feuilles de dimensions très-ordinaires; mais son verre est à bas prix et de qualité inaltérable.

———

SECTION 4.

Instrumens de chimie.

LE JURY ARRÊTE qu'il sera fait mention honorable de

529. MM. LE PÉSANT et MÉTEIL, propriétaires de la verrerie de Montmirail,
département de Loir-et-Cher.

La verrerie de Montmirail fournit en grande
partie les laboratoires de chimie et les cabinets de
physique de la capitale : les instrumens qu'elle
fabrique sont estimés par la qualité du verre, par
le bon recuit, et par les formes les mieux appropriées
aux opérations.

SECTION 5.

Verrerie commune.

530. M. SAGET, près la Gare, à Paris,

LE JURY croit devoir citer les produits de sa
verrerie, tant pour la bonne qualité que pour la
forme de ses bouteilles, et sur-tout de celles de la
plus grande capacité.

SECTION 6.

Dorure et Peinture sur verre.

531. M. LUTON, rue du Marché-Neuf, Médailles
n.º 4, à Paris, d'Argent,
2.ᵉ classe.

Obtint, dès l'an 9, une médaille de bronze équivalente à une médaille d'argent de 2.ᵉ classe, pour la perfection et la solidité de sa dorure sur cristaux. Il a donné, cette année, de nouvelles preuves de son application à faire valoir ce genre d'industrie.

Il a imaginé un moyen pour placer sur verre des inscriptions très-lisibles, et que les acides les plus puissans ne peuvent effacer. Ce procédé est utile pour étiqueter les vases qui contiennent des acides.

Le jury déclare que M. *Luton* n'a pas cessé d'être digne de la distinction qu'il a obtenue en l'an 9.

CHAPITRE 26.

POTERIE.

SECTION I.

Terre de Pipe.

LA fabrication de la poterie dite *terre de pipe* est au nombre des nouvelles acquisitions de l'industrie française ; il n'y a pas plus de quinze ans que se sont formés la plupart des établissemens qui alimentent aujourd'hui cette branche de consommation. Aux expositions de l'an 9 et de l'an 10, on reconnut dans les fabriques de poterie une marche de perfectionnement assez rapide : ce mouvement fut secondé par des encouragemens ; les jurys décernèrent plusieurs médailles d'or et d'argent. Depuis l'an 10, les poteries de terre de pipe se sont soutenues au degré qu'elles avaient atteint, sans avoir fait des progrès assez marqués pour motiver des distinctions particulières ; l'émulation de nos fabricans est un sûr garant que cet état stationnaire ne durera pas long-temps. Le jury leur recommande de s'appliquer à donner encore plus de perfection au goût de leurs formes et à la composition de leur pâte, et plus de

dureté à leurs couvertes ; il les invite particulièrement à porter leur attention sur les moyens économiques de fabrication qui pourraient procurer, dans
cet article, une diminution de prix suffisante pour
soutenir avec succès la concurrence des étrangers.

532. M. UTZSCHNEIDER, de Sarguemines,　*Médailles*
　　M. MERLIN-HALL, de Montereau,　　*d'Or
　　　　　　　　　　　　　　　　　　et d'Argent*

Qui obtinrent une médaille d'or à l'exposition
de l'an 9,

Et la manufacture de CHANTILLY,

Qui obtint une médaille d'argent à l'exposition
de l'an 10,

Ont présenté cette année de la belle poterie, bien
propre à rappeler au public les distinctions honorables décernées précédemment à ces manufactures.

———

LE JURY ARRÊTE que les établissemens de　　*Mentions
honorables.*

533. MM. MITTENHOFF et MOUROT, au
　　Val-sous-Meudon,

534. MM. BAGNAL et SAINT-CRICQ-
　　CAZAUX, à Creil, département de l'Oise,

Seront honorablement mentionnés, comme ayant
été formés depuis la dernière exposition, et allant
de pair avec les établissemens plus anciens.

Il sera aussi fait mention honorable des poteries
fabriquées par

Mentions
honorables. 535. M. KELLER, de Lunéville;

536. Mme MIQUE et compagnie, de Saint-
　　　Clément, département de la Meurthe;

537. M. BOCK, de Sept-Fontaines, départe-
　　　tement des Forêts.

———

Citations. 538. M. WINGERTER, d'Andernach, départe-
　　　tement du Rhin,

539. M. NOERDERSHAEUSÉR, de Cobern,
　　　même département,

Sont cités comme fabriquant avec soin des pipes
communes et fines.

SECTION 2.

Faïence noire.

Mentions
honorables. 540. M. WOUTERS, d'Andenne, départe-
　　　ment de Sambre-et-Meuse,

Fabrique de la faïence noire qui, par sa solidité et
par la manière dont elle soutient le passage du chaud
au froid, mérite d'être honorablement mentionnée.

SECTION 3.

Poterie marbrée.

LE JURY ARRÊTE qu'il sera fait mention honorable de

541.

541. M. BONNET, d'Apt, département de Vaucluse,

Et de

542. Mme veuve ARNOUX, de la même ville.

La poterie marbrée que ces fabricans ont envoyée à l'exposition, est d'un aspect agréable, et a très-bien soutenu les épreuves.

SECTION 4.

Creusets.

543. M. RUSSINGER, à Saint-Amand, département de la Nièvre, Médailles d'Argent, 1.re classe,

A fabriqué des creusets de supérieure qualité : ils ont été soumis, comparativement avec les creusets de Hesse, à l'épreuve la plus rigoureuse que l'on fasse subir à cette sorte de vase, qui est de tenir le verre de plomb en fusion. Les creusets de M. *Russinger* l'ont contenu pendant trente-cinq minutes. De deux creusets choisis de Hesse, l'un a contenu le verre de plomb dix minutes, l'autre quinze : la moyenne est de douze minutes et demie. Il résulte de ces essais, que les creusets de M. *Russinger* ont la propriété de résister à-peu-près trois fois plus que ceux de Hesse ; ils sont d'ailleurs à plus bas prix.

N

M. *Russinger*, alors établi à Paris, obtint, en l'an 9, une médaille d'argent, pour la fabrication des creusets : les détails ci-dessus prouvent qu'il n'a pas cessé d'être digne de cette distinction.

LE JURY fait mention honorable de

544. MM. REYMOND et REVOL, de la commune de Saint - Uze, département de la Drôme,

Pour avoir fabriqué des creusets de fort bonne qualité, bons à tous les usages.

SECTION 5.

Poterie-grès.

545. M. UTZSCHNEIDER, de Sarguemines,

A présenté, à l'exposition de 1806, une poterie en grès brun et rouge, pouvant aller au feu, résistant aux passages brusques de température, d'un grain dur et fin, susceptible de prendre un beau poli. En mélangeant avec sa pâte des fragmens de terres diversement colorées, M. *Utzschneider* est parvenu à faire des vases parfaitement polis, imitant le porphyre, le granit, le basalte et le jaspe. La pâte est excellente, et susceptible des formes les plus variées. Sous le rapport de la solidité et de la salubrité, cette poterie ne le cède point à la porcelaine.

M. *Utzschneider* est le même manufacturier qui a été rappelé précédemment, comme ayant obtenu en l'an 9 une médaille d'or pour les poteries communes. Ses nouvelles poteries étant un objet tout-à-fait distinct du premier, le jury n'aurait pas craint de faire un double emploi, en votant pour lui une autre médaille d'or : mais ces nouvelles poteries ne sont pas encore abondantes dans le commerce ; et quoiqu'il soit probable qu'elles ne tarderont pas à s'y répandre, et qu'elles y obtiendront le même succès que les terres si connues de Wedgewood, le jury croit qu'il faut attendre cette épreuve avant de leur décerner la distinction du premier ordre. Le jury a pensé néanmoins que la création de cette nouvelle branche d'industrie devait être signalée au public : d'après toutes ces considérations, il a décerné à M. *Utzschneider* une médaille d'argent de première classe, à raison de ses nouvelles poteries.

———

LE JURY fait mention honorable des fabricans dont les noms suivent :

546. M. LAMBERT, de Sèvres ;

A présenté des théières, des tasses et des soucoupes

en poterie-grès jaune : cette poterie est légère; bien cuite ; les vases sont de formes agréables, et ont bien résisté aux épreuves que leur usage comporte.

547. MM. MITTENHOFF et MOUROT, au Val-sous-Meudon,

Ont aussi présenté des vases en poterie-grès jaune, agréablement travaillés et soutenant bien les épreuves.

On désirait depuis long-temps une composition qui pût remplacer les pierres de touche, qu'il est si important d'avoir de bonne qualité pour le commerce des matières d'or et d'argent, et qu'il est si difficile de se procurer. MM. *Mittenhoff* et *Mourot* ont présenté des essais en poterie qui paraissent remplir cet objet. Ces poteries sont d'un beau noir, d'une dureté et d'une finesse de pâte suffisantes pour donner une ligne métallique continue.

———————

LE JURY ARRÊTE que

548. MM. BEKE père et fils, d'Oostmalle, département des Deux-Nèthes,

Seront cités dans le rapport, comme fabriquant de la poterie noire imitant celle de Colchester.

SECTION 6.

Porcelaine.

LA fabrication de la porcelaine et sa décoration sont des genres d'industrie dans lesquels la France a sur les autres pays une supériorité qui n'est pas contestée ; chaque année ce bel art fait des progrès : on a vu à l'exposition une nouvelle couleur qu'on n'avoit pu obtenir jusqu'ici ; c'est un vert tiré du métal appelé *chrôme*, dont la découverte assez récente est due à M. *Vauquelin*. La manufacture impériale de Sèvres est la première qui ait fait ce vert.

Notre prééminence est assurée principalement par les manufactures de Paris ; il existe dans cette ville une réunion unique d'artistes du premier ordre, dont le génie et les talens présentent des ressources inépuisables pour varier et pour combiner avec goût les formes et les décorations.

Les belles formes ajoutent beaucoup de prix à la porcelaine. Dans l'exécution, elles ne coûtent pas plus que celles de mauvais goût ; souvent elles coûtent moins : les manufactures doivent donc apporter beaucoup de soin dans le choix des formes. Quelle que fût la dépense qu'entraineraient les modèles faits par les plus habiles artistes de la capitale,

N 3

cette dépense, répartie sur la multitude des pièces exécutées sur ces modèles, ne produirait pas une augmentation sensible.

549. MM. DILH et GUÉRARD, rue du Temple, au coin du boulevart, à Paris.

Cette fabrique jouit depuis long-temps de la première estime : M. *Dilh* s'est appliqué avec succès à la préparation des couleurs, et il a soin de n'en confier l'emploi qu'à des artistes d'un mérite distingué. Il est un des hommes qui ont le plus contribué à porter l'art de la porcelaine au haut degré où il est parvenu en France.

Les pièces présentées à l'exposition par MM. *Dilh* et *Guérard* étaient fort belles, et le public s'est empressé de leur payer, par l'intérêt avec lequel il les a examinées, son tribut d'estime.

Le jury a décerné à MM. *Dilh* et *Guérard* une médaille d'or.

Nota. Cette fabrique avait déjà obtenu, en l'an 6, la distinction du premier ordre, équivalente à la médaille d'or (1).

_____

(1) L'usage de distribuer des médailles n'a été établi que postérieurement à l'exposition de l'an 6.

550. M. NAST, rue des Amandiers, n.º 8, à Paris.

La manufacture de M. *Nast* se distingue par le choix et le bon goût des formes. Le jury regarde ce mérite comme essentiel et fondamental.

Il décerne à M. *Nast* une médaille d'argent de 1.ʳᵉ classe.

---

551. MM. CARON et LEFÉVRE, rue Amelot, n.º 64, à Paris.

552. M. DAGOTY, boulevart Poissonnière, n.º 4, à Paris.

553. MM. DARTHE frères, rue de la Ro-quette, n.º 90, à Paris.

Des pièces d'une grande dimension, richement décorées et peintes avec goût, ont donné au jury une idée très-avantageuse de la manufacture de MM. *Caron* et *Lefévre*, et de celle de M. *Dagoty*.

MM. *Darthe* ont présenté de la porcelaine usuelle de bon goût et bien décorée.

Le jury décerne à chacune de ces trois fabriques une médaille d'argent de 2.ᵉ classe.

554. M. DESPRÉS, rue des Récollets, à Paris,

A exposé des camées en pâte de porcelaine par-faitement exécutés. Ce genre trouve son application dans la décoration des vases de porcelaine et dans la bijouterie.

M. *Després* avait aussi exposé des tasses en porcelaine, d'une forme et d'une décoration élégantes.

Le jury décerne à M. *Després* une médaille d'argent de 2.e classe.

555. M. GONORD, rue Courtil, n.° 8, à Paris,

Transporte, à l'aide d'un procédé mécanique, des gravures en taille douce sur la porcelaine. Ce procédé a l'avantage de permettre d'imprimer les gravures du sens de la planche, ou de celui de l'estampe, à volonté. M. *Gonord* avait exposé plusieurs pièces de porcelaine décorées par son procédé.

Le jury a décerné à M. *Gonord* une médaille d'argent de 2.e classe : il lui aurait décerné une distinction supérieure, si les produits de son art avaient été plus abondans dans le commerce.

———————

LE JURY ARRÊTE qu'il sera fait mention honorable des fabricans et des fabriques dont les noms suivent :

556. MM. POUYAT et RUSSINGER, rue Fontaine-Nationale, à Paris,

Ont présenté un groupe en biscuit d'une très-grande dimension, et d'une exécution difficile, dont la réussite est bonne.

557. M. NEPPEL, rue de Crussol, n.° 8,

A présenté des porcelaines en blanc et des porcelaines décorées, qui méritent d'être distinguées; il a aussi présenté un essai de cheminée en porcelaine, que le jury a vu avec intérêt, comme pouvant être utile aux progrès de l'art.

558. M. ALLUAUD, de Limoges,

A envoyé une grande quantité de porcelaines usuelles et trois groupes de biscuit. Cette manufacture est une des plus anciennes de France.

559. La manufacture de VALOGNES, département de la Manche.

Le jury a vu avec intérêt les porcelaines envoyées par cette manufacture; il a remarqué qu'elle a fait des progrès depuis la dernière exposition, où elle obtint une mention honorable.

560. M. BERTRAND, rue Neuve-Saint-Gilles, n.° 25, à Paris,

A présenté des fleurs en biscuit de porcelaine exécutées avec beaucoup de délicatesse.

CHAPITRE 27.

ORFÉVRERIE.

561. M. AUGUSTE, orfévre à Paris, place du Carrousel.

La beauté de l'orfévrerie qu'il exposa en l'an 10, lui fit décerner une médaille d'or; il a présenté, cette année, de grandes pièces et peu d'orfévrerie proprement dite (1) : ces grandes pièces sont exécutées par un procédé particulier; c'est l'emploi de la rétrainte et de l'estampage. Ce moyen nécessite, à la vérité, la dépense de matrices en creux sur lesquelles on frappe le métal embouti et convenablement recuit ; mais, toutes les fois qu'il s'agit de pièces qui se répètent, cette dépense est remboursée avec avantage par l'économie sur le moulage, sur la ciselure et sur le poids de la matière. Entre plusieurs objets, on remarque un buste, forme qui présente le *maximum* de la difficulté ; ce procédé produit une épargne importante.

Le jury a vu avec une grande satisfaction les nouveaux travaux de M. *Auguste*, qui sont propres

---

(1) Un calice et une coupe pour porter des fruits; objets beaux d'exécution et de dessin.

à maintenir son nom au haut degré de réputation où il est parvenu depuis long-temps pour la belle orfévrerie.

Le jury s'empresserait de décerner une médaille d'or à M. *Auguste*, si ce fabricant ne l'avait déjà obtenue.

562. M. ODIOT, orfévre à Paris, rue Saint-Honoré, n.° 250,

Obtint, en l'an 10, une médaille d'or pour l'élégance, la variété des formes, le choix et la variété des ornemens de son orfévrerie, dirigée et exécutée par le goût le plus pur et le plus délicat : il se montre cette année avec encore plus d'avantage ; plusieurs de ses ouvrages sont non-seulement de la plus grande magnificence, mais encore parfaits d'exécution et de goût.

Le jury s'empresserait de décerner à M. *Odiot* une médaille d'or, si ce fabricant ne l'avait déjà obtenue.

563. M. BIENNAIS, rue Saint-Honoré, n.° 323, à Paris,

A exposé plusieurs pièces d'orfévrerie d'une parfaite exécution : ses formes et ses ciselures sont pleines de goût.

M. *Biennais* avait aussi exposé un nécessaire très-riche, et une pièce d'ébénisterie ornée de bronzes dorés, d'un goût parfait.

Le jury décerne à M. *Biennais* une médaille d'or.

----

564. M. BOULLIER, orfévre à Paris, place des Victoires, n.° 4,

A présenté des ouvrages de très-belle orfévrerie courante. Le jury a vu avec beaucoup de plaisir une grande fontaine et plusieurs pièces très-bien exécutées dans un genre sage.

Le jury décerne à M. *Boullier* une médaille d'argent de première classe.

565. M. GUION, orfévre à Paris, rue Saint-Denis, n.° 15,

Excelle dans l'orfévrerie courante; il a exposé un plateau à plusieurs étages, destiné à porter des fruits, qui est bien conçu et bien exécuté.

M. *Guion* dessine très-bien, et se sert de son talent pour perfectionner sa fabrication; il a imaginé d'employer des cylindres gravés pour faire les ornemens courans de ses pièces.

Le jury lui décerne une médaille d'argent de première classe.

CHAPITRE 28.

FILIGRANE.

566. M. Bouvier, rue du Bacq, n.° 181, à Paris, Médailles d'Argent, 1.re classe.

Obtint , à l'exposition de l'an 9, une médaille d'argent pour des filigranes fondus ; il en a présenté en 1806 pour ornemens et pour formes à papier , qui sont très-bien exécutés : il a exposé plusieurs autres objets, tels que timbres à encre , dits *timbres humides ,* griffes, cachets , vignettes , fers à dorer pour les relieurs. Il montra, à l'exposition de l'an 10, des planches d'imprimerie fondues d'une seule pièce : cette année , il produit une planche pour imprimer la musique ; elle est en cuivre, fondue d'une seule pièce , et en relief comme dans l'imprimerie ordinaire. La musique imprimée par son moyen est belle , et les lignes en sont droites et continues.

Cette variété d'objets délicats et difficiles prouve que M. *Bouvier* possède à un degré éminent le talent du fondeur, et qu'il ne cesse pas de se montrer digne de la distinction qu'il a reçue en l'an 9.

CHAPITRE 29.

BRONZES CISELÉS.

567. M. Thomire, de Paris, rue Boucherat, n.º 16, ayant son dépôt rue Taitbout, n.º 15.

L'exposition de 1806 est la première à laquelle cet habile artiste, le premier de nos ciseleurs, ait pris part ; il a présenté une suite considérable d'ouvrages dirigés ou exécutés par lui : la cheminée en malachite, qui est un des plus beaux ameublemens qui aient paru à l'exposition, est destinée pour l'étranger, et ne peut que contribuer à étendre la réputation de supériorité que les Français ont acquise dans les arts qui tiennent au goût. D'autres cheminées, quoique moins riches par la matière et par les ornemens, ne font pas moins d'honneur à l'artiste qui les a exécutées : M. *Thomire* y a employé des granits des Vosges et de la Haute-Saone, qui ne le cèdent pas en beauté à ceux de l'Orient.

M. *Thomire* joint au talent de l'exécution un goût éclairé et pur ; il emploie, pour faire les modèles des bronzes qu'il doit ciseler, les plus habiles statuaires de la capitale, et ceux-ci ne peuvent qu'être flattés dela manière dont il sait rendre leurs compositions.

Le jury décerne à M. *Thomire* une médaille d'or.

---

568. M. RAVRIO, rue de la Loi, n.° 211, à Paris,

569. M. GALLE, rue Vivienne, n.° 60, à Paris,

Médailles d'Argent, 2.ᶜ classe.

Ont exposé des bronzes dorés d'un effet agréable.

Un lustre riche et de bon goût était au nombre des objets exposés par M. *Ravrio.*

Parmi les pendules présentées par M. *Galle*, celle où une femme voile un cadran et ne laisse apercevoir que l'heure marquée par la pendule, mérite d'être distinguée, parce qu'elle présente une idée agréable et raisonnable, mérite assez rare dans ce genre d'ornemens.

Le jury décerne à chacun d'eux une médaille d'argent de 2.ᶜ classe.

LE JURY ARRÊTE qu'il sera fait mention honorable de

Mentions, honorables,

570. MM. DUPORT père et fils, à Paris, rue Montmartre, n.° 25,

Qui ont exposé divers ouvrages en bronze ciselé, provenant de leur fabrique : ces ouvrages sont traités avec soin.

CHAPITRE 30.

TÔLES VERNIES.

571. M. MONTELOUX-LA-VILLENEUVE, à Paris, rue Martel, n.º 10.

Cette manufacture a présenté, à l'exposition de 1806, des rampes en cuivre étamé et doré, des vases de carton vernis, de grands panneaux de carton peints en marbre et vernis, et un grand vase égyptien.

M. *Monteloux* a succédé à MM. *Deharme* et *Dubaux*, qui obtinrent à l'exposition de l'an 8 la distinction du premier ordre, équivalente à la médaille d'or; il soutient la réputation que cette manufacture a acquise sous ses prédécesseurs.

572. M. DEMARNE, rue du Faubourg-Saint-Denis, n.º 46, à Paris,

A exposé différens objets en tôle et en fer, couverts d'un excellent vernis noir, qui peut, sans s'éclater, souffrir la percussion d'un marteau.

Cette manufacture est recommandable, parce qu'en s'attachant particulièrement à perfectionner

ses

ses vernis et à les appliquer sur une grande variété d'objets usuels, elle contribue à nous affranchir d'un tribut imposé sur nous par quelques fabriques étrangères.

Le jury décerne à M. *Demarne* une médaille d'argent de 2.ᵉ classe.

573. MM. Finck et compagnie, de Coblentz,

Ont présenté divers ouvrages en tôle vernie, exécutés dans leur manufacture : leur vernis est solide, et ils l'appliquent avec intelligence et soin.

Le jury leur décerne une médaille d'argent de 2.ᵉ classe.

———

Le jury arrête qu'il sera fait mention honorable de

574. M. Bordier, de Versoix, département du Léman (1),

Qui a présenté des vases et des ustensiles de ferblanc vernissés.

———

(1) M. *Bordier* a déjà été mentionné pour un autre objet. *Voyez* page 171, art. 489.

O

CHAPITRE 31.

ÉBÉNISTERIE.

575. M. Jacob Desmalter, fabricant de meubles à Paris, rue Mêlée,

Obtint, en l'an 9, une médaille d'or, reparut à l'exposition de l'an 10 avec des ouvrages d'un mérite supérieur, et qui prouvaient un progrès très-marqué dans son industrie.

Les divers objets que M. *Jacob* a exposés cette année, sont au-dessus de ce qu'on a vu dans ce genre; les ornemens magnifiques et d'un goût exquis sont parfaitement assortis à la destination des meubles auxquels ils sont appliqués, et à la décoration de l'appartement où ces meubles doivent être placés.

A ne considérer ces objets que comme de l'ébénisterie simple, ils méritent encore les plus grands éloges sous le rapport de la précision et de l'exécution.

Le jury considère M. *Jacob* comme ayant un talent supérieur dans sa partie; il s'empresseroit de lui décerner une médaille d'or, s'il paraissait à l'exposition pour la première fois.

576. M. BURETTE, fabricant de meubles, à Paris, rue Chapon au Marais, n.º 22,

Médailles d'Argent, 2.ᵉ classe.

A exécuté avec une précision remarquable plusieurs pièces en orme noueux; le jury a vu, dans le travail de ces pièces, le talent de l'ébénisterie porté à un grand degré de perfection.

Il a décerné à M. *Burette* une médaille d'argent de 2.ᵉ classe.

———

LE JURY ARRÊTE qu'il sera fait, au Rapport, mention honorable de

Mentions honorables.

577. M.ʳ PAPST, fabricant de meubles, à Paris, rue de Charonne, n.º 7,

578. M. HECKEL, fabricant de meubles, grande rue du faubourg Saint-Antoine,

Qui ont présenté des meubles enrichis d'ornemens fabriqués avec soin et goût.

579. M. BAUDON-GOUBAU, aux Petites-Écuries, faubourg Saint-Denis,

Qui, le premier, a imaginé d'employer dans la fabrication des meubles l'orme noueux, au lieu des bois d'Amérique.

CHAPITRE 32.

TABLETTERIE ET ORNEMENS.

Médailles d'Argent, 1.re classe.

580. M. FRICHOT, à Paris, rue des Jardins-Saint-Paul, n.º 3,

A présenté une collection de bordures et de cadres ornés en marqueterie de cuivre, d'acier et d'or, fabriquée à l'emporte-pièce, suivant les procédés de M. *Jouret* dont M. *Frichot* est le successeur, et qui fut jugé digne, en l'an 9, d'une médaille d'argent.

Tous les ouvrages présentés par M. *Frichot* sont de bon goût et parfaitement exécutés. Ce fabricant prépare l'oxide rouge de fer propre à polir les métaux et même l'acier légèrement trempé.

Cette fabrique soutient sa réputation ; elle n'a pas cessé d'être digne de la distinction qu'elle a obtenue en l'an 9.

581. M. LEMAIRE, fabricant de nécessaires, à Paris, rue Saint-Honoré, n.º 154,

A exposé des nécessaires composés avec intelligence.

Ce fabricant se montre toujours digne de la

médaille d'argent de première classe qu'il a obtenue en l'an 10

LE JURY ARRÊTE qu'il sera fait mention honorable des fabricans dont les noms suivent :

582. M. GERMAIN ANTIÉ, de Peyrat,
   département de l'Arriége,

583. MM. THOURAS, VIVIÈS et fils, de
   Sainte-Colombe, département de l'Aude,

Qui offrent au commerce le jayet taillé et travaillé dans toutes les formes qui sont adoptées pour
bijoux.

584. M. REMUSAT, de Marseille,

585. M. CARAMBOIS, de Marseille,

586. M. LAURENT-BARTHÉLEMI OLIVA, de
   Gênes,

Pour avoir présenté des coraux bien travaillés et
dont les formes sont agréables.

587. M. RASCALON, rue du Faubourg-Saint-
   Denis, n.° 144, à Paris,

Qui a employé, pour décorer les meubles, des

ornemens dorés peints sous verre, et a donné des preuves de bon goût dans l'emploi de ces ornemens.

588. M. JANIN jeune, rue des Augustins, n.º 78, à Paris.

589. M. BEUNAT, de Strasbourg.

Ces deux artistes ont trouvé moyen de rendre la dorure sur bois plus solide, et en même temps plus économique.

590. M. GARDEUR, de Paris, rue Beaurepaire, n.º 30,

Pour ornemens moulés en carton.

591. M. DEMILLERE, de Paris, rue Bourbon-Villeneuve, n.º 6,

Végétaux artificiels imitant parfaitement la nature.

CHAPITRE 33.

INSTRUMENS DE MUSIQUE.

SECTION I.

Instrumens à cordes.

592. MM. Cousineau père et fils, rue de Thionville, n.° 20, à Paris, Médailles d'Argent, 1.re classe.

Ont présenté de nouvelles harpes à chevilles mécaniques qui ont l'avantage de produire les demi-tons sans changer la longueur des cordes, de donner aux cordes plus de son et de vibration, et de les faire durer davantage ; de rendre les sons harmoniques plus faciles à obtenir, et de jouer dans tous les tons usités sur cet instrument, sans étendre le son par le grand nombre de pédales qu'on était obligé d'employer.

En ajoutant de nouvelles améliorations aux perfectionnemens qu'ils ont déjà introduits dans la construction des harpes, MM. *Cousineau* contribuent beaucoup à assurer à la France la possession exclusive d'une branche de commerce qui devient chaque jour plus importante.

Le jury décerne à MM. *Cousineau* père et fils une médaille d'argent de 1.re classe.

**593. M. Didier Nicolas, de Mirecourt,
département des Vosges,**

A exposé un violon de sa fabrique, d'un bon patron et d'un beau vernis; le jury voit avec satisfaction que les violons de la fabrique de Mirecourt, qui forment une branche intéressante de commerce, se sont perfectionnés sans sortir des prix modérés.

Le jury décerne à M. *Didier Nicolas* une médaille d'argent de 2.ᵉ classe.

**594. M. Dupoirier, facteur de piano, rue
Bergère, n.º 21, à Paris,**

A présenté un piano d'un nouveau genre, dans lequel il a changé la disposition des cordes: ce changement a donné plus de résonnance à la table, plus d'égalité au son et plus de durée à l'accord.

Le jury a vu avec satisfaction cette amélioration dans un instrument dont la fabrication alimente un commerce important à l'intérieur et à l'extérieur.

Le jury décerne à M. *Dupoirier* une médaille d'argent de 2.ᵉ classe.

————————

Le jury arrête qu'il sera fait mention honorable des facteurs dont les noms suivent :

**595. M. Schmidt, rue du Pont-de-Lodi,
n.º 2,**

Pour avoir fait le *piano-harmonica*, instrument

à clavier, qui rend des sons continus comme les instrumens à cordes et à archet; l'instrument de M. *Schmidt* a de beaux sons, et il est susceptible de produire de grands effets lorsqu'il sera parvenu à son dernier degré de perfection.

596. MM. Pfeiffer et compagnie, rue Neuve-Saint-Martin, n.º 7,

Ont présenté un piano dont les cordes sont verticales, et qui donnent en général de beaux sons : une pédale sert à rendre des sons de harpe.

SECTION 2.
Instrumens à vent.

597. M. Laurent, quai de Gêvres, n.º 2, à Paris,

A présenté une flûte dont le ton ne change point, malgré les variations de la température, de la sécheresse ou de l'humidité de l'air : cette flûte est en cristal ; son exécution est soignée.

Le jury décerne à M. *Laurent* une médaille d'argent de 2.ᶜ classe.

598. M. Davrainville, quai Pelletier, à Paris,

A exposé un jeu de flûte à cylindre : cet instrument parcourt trois octaves, et exécute des morceaux

de musique, arrangés à trois, quatre, cinq et six
parties, avec une netteté et une précision qu'on
n'avait point encore entendues.

Les jeux de flûte à cylindre sont l'objet d'une fabrication et d'un commerce intéressans.

Le jury fait mention honorable du perfectionnement que M. *Davrainville* a porté dans cette partie.

CHAPITRE 34.

ÉTABLISSEMENS IMPÉRIAUX.

SECTION I.

599. Imprimerie impériale;

M. MARCEL directeur général.

Les *specimen* d'impression en plus de cinquante langues différentes, exécutés à l'Imprimerie impériale, prouvent la grande richesse de cet établissement en caractères orientaux, ainsi que l'habileté avec laquelle ces caractères y sont employés : la partie des langues orientales y a pris une nouvelle vie et une grande extension, par les soins de M. *Marcel*, qui est lui-même un habile orientaliste.

Le jury a remarqué les *specimen* d'impression en or, dont l'exécution avec des caractères et la presse ordinaires présente une difficulté vaincue avec talent, et agrandit les moyens de l'art typographique.

L'Imprimerie impériale, dont la fondation remonte au premier âge de la découverte de l'imprimerie, est le plus grand établissement de typographie qui existe : elle s'est montrée à l'exposition de 1806 d'une manière digne de sa haute réputation.

SECTION 2.

Manufactures.

LE JURY a donné une attention particulière aux produits des manufactures impériales; il pense que, chacune dans leur genre, elles doivent être le modèle du beau, et qu'elles sont principalement utiles par les exemples qu'elles donnent et par l'émulation qu'elles excitent parmi les fabricans particuliers qui s'efforcent de les égaler.

600 Manufacture de porcelaine de SÈVRES; M. BROGNIARD directeur.

Les formes et les peintures de la manufacture de Sèvres sont belles; on y a fait un heureux emploi de couleurs nouvelles (1) : la grande table qui a été l'objet constant de l'admiration du public, est un chef-d'œuvre; le jury la regarde comme le plus beau morceau qui existe en porcelaine.

Des perfectionnemens apportés dans la construction des fours, par M. *Brogniard*, produisent une économie considérable dans le combustible.

La manufacture de Sèvres doit à M. *Brogniard* d'être toujours la première manufacture de porcelaine qui existe en Europe.

_____

(1) *Voyez* page 197.

601. Manufacture de tapisseries des GOBE-
LINS;

M. GUILLAUMOT directeur.

Cette manufacture travaille aujourd'hui avec un
soin et une perfection qui la rendent supérieure à
ce qu'elle a jamais été. M. *Guillaumot*, directeur
actuel, a introduit dans le mécanisme du tissage, des
améliorations considérables; les métiers sont arrangés de manière que la chaîne, au lieu d'être, comme
autrefois, enroulée sur un cylindre, demeure tendue
dans toute la grandeur et dans le sens du tableau;
d'où il résulte,

1.° Qu'à mesure que le travail fait des progrès,
il est plus facile de juger de l'effet général;

2.° Que les fils de la chaîne étant toujours dans
la même position respective, la correction du dessin
se conserve mieux.

L'inégalité d'influence de l'atmosphère sur la dé-
coloration de la soie et de la laine, est ce qui contribue le plus à défigurer les tapisseries, en détruisant
l'harmonie des teintes. On a pris le sage parti de ne
plus mêler ces deux matières dans l'exécution d'un
même tableau.

La teinture des laines a beaucoup gagné depuis
qu'elle est dirigée par M. *Roard.* Cet habile chi-
miste a mis dans les procédés une telle méthode,

que l'on ne sera plus exposé à voir des couleurs sensiblement égales au moment de l'emploi devenir différentes après quelque temps d'exposition au grand jour.

> *Nota.* Les laines employées par les manufactures de la Savonnerie et de Beauvais sont fournies par la teinture des Gobelins.

602. Manufacture de tapis à la SAVONNERIE; M. DUVIVIER directeur.

Cette manufa~ture surpasse toutes celles du même genre, par la perfection du tissu et par le fondu des teintes : il est à souhaiter qu'on lui donne à exécuter des dessins qui s'accordent mieux avec le nouveau goût de nos ameublemens.

603. La manufacture de BEAUVAIS; M. HUET directeur.

Les ouvrages présentés à l'exposition par cette manufacture sont bien exécutés, et prouvent qu'elle possède d'habiles ouvriers, capables de bien imiter de beaux tableaux.

604. École des arts et métiers de COM- PIÈGNE (1);

---

(1) Elle doit être incessamment transférée à Châlons-sur-Marne.

M. Labate proviseur,

M. Molard directeur des travaux.

Cette école, où les élèves réunissent à la pratique de plusieurs arts mécaniques l'étude des sciences qui y sont relatives, a présenté à l'exposition de 1806, des outils de menuisier, des arbres de tour en l'air, des vilebrequins à boîte d'acier et de cuivre assortis d'un grand nombre de mèches, des vis à bois et des limes : tous ces objets, construits sur les meilleurs modèles, sont exécutés avec un soin qui fait l'éloge du talent des chefs et de l'intelligence des élèves.

Le jury a déjà eu occasion d'exprimer l'opinion qu'il a prise des limes faites dans cet établissement (1).

(1) Voyez *page 110,* art. 361.

CHAPITRE 35.

ÉTABLISSEMENS PUBLICS DE BIENFAISANCE.

PLUSIEURS ateliers établis dans les hospices, dans les dépôts de mendicité et dans les maisons de détention, ont envoyé des produits à l'exposition. Le jury les a vus avec intérêt; il est persuadé que de tous les moyens d'améliorer le sort des individus qui habitent ces maisons, il n'en est aucun qui agisse aussi certainement et aussi promptement que d'y introduire l'habitude du travail : par-tout où cette mesure a été adoptée, on en a obtenu des résultats satisfaisans pour l'administration et pour les individus même qui en étaient l'objet.

LE JURY ARRÊTE qu'il sera fait mention honorable des ateliers ci-après dénommés :

Mentions honorables. 605. L'atelier de bienfaisance d'ANVERS,

Où l'on fabrique des tapis de pied en bourre ou poil de vache. Ces tapis ont attiré l'attention du public et celle du jury par leur bas prix et par leur fabrication, qui est dirigée avec soin et intelligence.

606.

606. L'atelier de SAINT-LAZARE, à Paris,

Qui a présenté diverses sortes de broderies très-bien exécutées.

———

LE JURY ARRÊTE que les établissemens dont Citations. les noms suivent, seront cités au Rapport :

607. La manufacture de l'hospice des pauvres, à BEAUVAIS,

Qui a présenté divers échantillons d'étoffes de laine.

608. Le dépôt de mendicité de BOURGES, M. LEPLEY régisseur,

A présenté des couvertures de laine et des échantillons de chanvre préparé et raffiné.

609. Le musée des aveugles, rue Sainte-Avoye, à PARIS,

A présenté divers produits travaillés avec un soin qui honore et les ouvriers et ceux qui les dirigent.

Le public a vu avec le plus grand intérêt le portique où étaient réunis plusieurs aveugles qui travaillaient sous ses yeux à fabriquer du filet en soie.

610. M.lle DÉMÉ, de Saint-Germain-en-Laye,

P

Qui fait établir, au profit des pauvres, des ouvrages en carton et en soie.

Fait à Paris, le 14 Novembre 1806.

Signé MONGE, *Président;* ALARD, BARDEL, BERTHOLLET, F. BERTHOUD, COLLET-DESCOTILS, MOLARD, LASTEYRIE, MÉRIMÉ, L. B. GUYTON-MORVEAU, GAY-LUSSAC, GILLET-LAUMONT, DEGERANDO, PERIER, MONGOLFIER, PERNON, PINTEVILLE-DE-CERNON, VINCENT, RAYMOND, SARETTE, Scipion PERIER.

L. COSTAZ, *Rapporteur.*

ARRÊTÉ

DU MINISTRE DE L'INTÉRIEUR.

LE MINISTRE DE L'INTÉRIEUR, vu le procès-verbal ci-dessus, ordonne qu'il sera imprimé à l'Imprimerie impériale, et qu'en conformité de l'article 6 du décret impérial du 15 février dernier, il sera envoyé à tous les préfets des départemens;

Ordonne de plus qu'il en sera adressé un exemplaire à chacun des artistes et fabricans auxquels le jury national des arts a décerné des médailles, des mentions honorables ou des citations.

Paris, le 21 Novembre 1806.

Le Ministre de l'intérieur,

signé CHAMPAGNY.

OBSERVATION.

Les passages insérés ci-après sont textuel-
lement extraits de l'ouvrage intitulé, *Notices
sur les objets envoyés à l'exposition des produits
de l'industrie, rédigées et imprimées par ordre de
S. Exc. M. DE CHAMPAGNY, Ministre de
l'intérieur*, qui furent publiées dès le commencement de l'exposition et avant que le jury eût
fait son travail : cet ouvrage renferme, sur
l'industrie des différens départemens de la
France, des détails précieux, extraits de
pièces authentiques. « Il a été rédigé, dit
» l'introduction qui le précède, d'après des
» renseignemens fournis par les préfets,
» les chambres consultatives de manufac-
» tures, les chambres de commerce et les
» jurys particuliers nommés pour examiner
» les objets destinés à l'exposition. On y a
» joint quelquefois des observations particu-
» lières sur la qualité des produits : mais
» ces observations, qui sont tirées des pa-
» piers déposés dans le bureau des arts et
» manufactures, ne préjugent nullement l'o-
» pinion qu'émettra le jury national ; elles
» ne font qu'exprimer l'idée qu'ont conçue
» des marchandises les personnes qui les ont
» examinées avant leur envoi à Paris. »

PASSAGES

Des Notices dont le Rapport suppose la connaissance.

Draps superfins et fins.

N.º 1. Louviers et les Andelys, *page 9.*

On verra, à l'exposition, des échantillons de toute espèce de draps de Louviers, et de toutes couleurs; draps fins en laine d'Espagne, grande et petite largeur; castorines *idem*, casimirs, casimirs double broche; draps fins en laine nationale, grande largeur; draps rayés, chinés, jaspés, mouchetés en laine et soie; draps de vigogne, grande et petite largeur; vigogne uni à la soie, à la laine, au coton, &c.; draps de pinne-marine. Ils ont été fournis par MM. *Jean-Baptiste Decrétot*, qui obtint une médaille d'or à l'exposition de l'an 9, reçut des éloges à celle de l'an 10, et que Sa Majesté a honoré de l'étoile de la légion d'honneur, comme manufacturier célèbre; *Jean-Baptiste Langlois*, *Gerdret* frères, *Lafosse et Dumouchel*, *Guillaume Lebretón*, *François Lecamus* l'aîné, *Guillaume Lemaître*, veuve *Morainville* et *Riboulcau*, *Petou* père et fils, qui obtinrent une médaille d'argent à la dernière exposition; *Mathieu*

Racine, *Thomas Saunier*, *Henri Delarue* et compagnie, auxquels une médaille d'argent fut décernée à l'exposition de l'an 9; et *Ternaux* frères, fabricans à Louviers, qui, tant sous cette raison que sous celle de leurs autres fabriques, ont déjà obtenu une médaille d'argent et une d'or aux expositions précédentes.

M. *Guillaume Lebreton* et M. *Jean-Baptiste Decretot* exposeront eux-mêmes, le premier des châles, et le second des draps. On distinguera, parmi les étoffes de M. *Decretot*, un échantillon de drap de pinne-marine. Un grand et superbe châle, de la même matière, est envoyé par M. *Guillaume Lemaître*.

Sans être aussi importante par l'éclat et le nombre de ses produits que la manufacture de Louviers, la fabrique des Andelys a obtenu et conserve une réputation méritée parmi celles qui fournissent au commerce d'excellentes draperies fines. M. *Louis-Frédéric Flavigny*, dont la manufacture occupe trois cent vingt ouvriers aux Andelys, offre des échantillons d'étoffes superfines, en draps et ratines, grande largeur, et en casimir.

N.º 2. Sedan, *page 9.*

Les principales maisons de Sedan se sont empressées d'envoyer à l'exposition. On remarque sur-tout les produits de MM. *Poupart - Neuflise*, *Brincourt* père, fils et compagnie, *Leroy* et *Rouy*, *Ternaux* frères, *Rousseau* et fils, *Étienne Bechet* et compagnie, *Berteche Lambquin*, *Bridier* frères, *Étienne Gridaine*, *Husson* frères, *Labauche* et fils, *Suchelet.* Tous présentent des draps, des casimirs, &c. de qualités remarquables.

M. *Poupart-Neuflise*, qui est maire de Sedan et membre de la légion d'honneur, tient en activité cent métiers, et occupe deux mille ouvriers.

MM. *Brincourt* père, fils et compagnie, ont les premiers introduit à Sedan les machines à lainer.

MM. *Leroy* et *Rouy* sont connus par leurs succès dans la fabrication des draps avec la laine mérinos française.

La manufacture de MM. *Ternaux* frères procure du travail à deux mille ouvriers : cent métiers y sont en activité. MM. *Ternaux* emploient des moyens hydrauliques pour faire mouvoir les machines à lainer importées en France par M. *James Douglas*, et des machines à tondre, au nombre de vingt. Aux fabriques qu'ils possèdent à Reims, Louviers et Ensival, ils ont ajouté une nouvelle manufacture de draps, située au Saupont, dans le département des Forêts.

La fabrique de MM. *Rousseau* et fils est une des plus anciennes de Sedan ; elle avait été en quelque sorte détruite par les orages de la révolution. Lorsque S. M. honora de sa présence le département des Ardennes, elle se plut à adoucir les malheurs de cette

P 4

maison, en lui procurant les moyens de remettre ses travaux en activité.

N.º 3. Abbeville, *page 9.*

La ville d'Abbeville a fourni des draps.... Les draps proviennent des ateliers de MM. *Grandin* frères et neveux, et de M. *Gronincheld.*

N.º 4. Aix-la-Chapelle, Borcette, Heinsberg, Orsoy et Imgenbroich, *page 9.*

Les fabricans du département de la Roer qui ont offert au concours des objets de leurs fabriques, sont :

Pour les draps et casimirs, MM. *H.* et *C. Pastor, G. Braff, Ignace Vanhoutem, C. F. Claus, Heuten* frères et *Hoselt, Dietz* et *Gotschalck, Ulric Thierry, J. J. Stelin; J. M. Delougne,* qui occupe trois cents ouvriers; *F. A. Hoffstadt, C. F. Deusner, M. B. Schlosser, Heusch* frères, d'Aix-la-Chapelle; *J. de Locvenich, Steinberg* frères, *H. Schmalhausen, J. A. Rosen, C. Klermondt* et fils, *F. G. Ernst,* de Borcette;

Pour les draps seuls, MM. *Vonderstraeten* et *Trapman,* de Heinsberg; *Lups, P. Hussen, Rommel* et compagnie, *Schmitz* et fils, d'Orsoy; *P. C.* et *A. Offermans; M. Offermann,* qui occupe sept cents ouvriers, et *J. H. Offermann* et fils, d'Imgenbroich.

N.º 5. Verviers, Francomont, Ensival et Eupen, *page 9.*

Les casimirs de Verviers, d'Ensival-lès-Verviers

et de Francomont-lès-Verviers, rivalisent avec un grand avantage les casimirs anglais. Les draps de ces fabriques, peu estimés en France avant la révolution, sont devenus plus solides et plus beaux depuis la réunion de la Belgique. Les connaisseurs seront à portée d'en juger à l'exposition. Ils y verront des cartes d'échantillons de draps fabriqués par M. *Jacques-Joseph Simonis*, de Verviers, qui occupe à lui seul deux mille cinq cents ouvriers, et par MM. *François Biolley* et fils, de la même ville, qui en occupent neuf cents ; ils y verront encore une carte d'échantillons de draps de la manufacture de M. *Henri Schiervel* fils, aussi de Verviers, fabriqués avec des toisons de beliers d'Espagne.

M. *Pierre Godin*, d'Ensival, et M. *Joseph-Aubin Sauvage*, de Francomont, exposeront eux-mêmes des draps de leurs fabriques, de diverses qualités : MM. *Ternaux* frères en exposeront également de leur fabrique d'Ensival ; où ils fournissent de l'occupation à douze cents personnes : ces derniers fabricans, qui ont reçu des distinctions honorables aux précédentes expositions, réuniront à des draps d'Ensival, des draps des trois autres fabriques qu'ils exploitent à Sedan, à Louviers et à Reims ; ils sont brevetés d'invention pour la fabrication d'étoffes appelées *sati-draps* et *sati-vigognes.*

Les produits des manufactures de Verviers, Ensival et Francomont, ont pour débouchés, outre
l'intérieur de la France, l'Italie, l'Espagne, le Por-
tugal, la Suisse, l'Allemagne, la Russie, la Turquie,
l'Égypte et la Barbarie.

Les manufactures du Limbourg, dont le siége
principal est dans la ville d'Eupen ou Néau, font
aussi de beaux draps et de beaux casimirs ; mais
elles s'adonnent, d'une manière plus particulière,
à la fabrication de ces tissus légers et brillans,
connus sous le nom de *draps-sérail*, parce qu'ils sont
employés dans tous les riches harems de l'Orient.
Elles y ajoutent celle des draps-londrins et des draps-
vigognes. On verra, par une carte d'échantillons
des premières fabriques de Néau, que les industrieux habitans de cette petite contrée sont parvenus
à substituer à la couleur naturelle de la vigogne,
des nuances foncées qui relèvent le soyeux de la
matière première.

M. *Charles Bohme*, fabricant à Eupen, se rend
à Paris pour exposer lui-même deux cents pièces
de casimir, première qualité.

MM. Z. *Homberg Stoltenhoff* et compagnie, de
la même ville, ont adressé dix pièces de casimir
superfin et deux pièces de drap pour le commerce
du Levant.

N.° 6. Elbeuf, *page 9.*

MM. *Bourdon* et *Petou*, *Delacroix* et fils, *Flavigny-Gosset* le jeune, *Pierre Grandin* l'aîné, *Grandin* et compagnie, *Hayet* et fils; *Lefebvre*, qui obtint une médaille de bronze à la dernière exposition; *Lejeune* et *Devitry*, *Lefort*, *le Prieur*, *Ménage-Delarue*, *Maille-Louvet*; *Jacques Grandin* l'aîné, qui reçut une médaille d'argent à l'exposition de l'an 10; *Quesney* et fils, *Sévestre* père, d'Elbeuf, et M. *Prosper Delarue*, maire de la même ville, ont envoyé des échantillons de draps de toutes couleurs, quelques velours de laine pour culottes et gilets. Il serait inutile de faire l'éloge de ces fabricans et de leurs produits; chacun d'eux occupe depuis cent cinquante jusqu'à quatre et cinq cents ouvriers; plusieurs font usage des mécaniques du Sr *Douglass*. Indiquer des draps d'Elbeuf, c'est dire qu'il sont soignés et d'une qualité suivie.

Draperies moyennes.

N.° 7. Vire, département du Calvados, *page 11,* article 13.

La fabrique de lainage de Vire occupe quatre mille ouvriers, et verse annuellement dans le commerce douze mille pièces de drap. Deux des principaux fabricans, MM. *J. B. L. Brouard des Marais* et *J. B. Tirel*, en offrent des échantillons de bonne qualité. Ce dernier se propose de tenir la foire dont l'exposition sera suivie ; son but principal est de montrer que les draps de Vire sont infiniment propres à l'habillement des troupes : il est lui-même fournisseur pour cette partie du service public, et il occupe un grand nombre d'ouvriers de la fabrique de Vire.

N.º 8. Lodève, Clermont, Saint-Chinian, Saint-Pons, Bédarieux, département de l'Hérault, art. 13.

On trouvera à l'exposition, 1.º des échantillons de draps de troupe, des fabriques de MM. *Vallat-Turel, Arrazat* jeune, *Charles* et *Augustin Vallat, Joseph Soudan, Martin Tisson* et compagnie, tous de Lodève; *Gaspar Baunier, Jean Boissière* jeune, *Lagagne, Delpont* et compagnie, de Clermont; *Joseph Maistre*, propriétaire de la manufacture de Villenouvette-lès-Clermont ; 2.º des échantillons de draps pour le commerce du Levant, du même *Joseph Maistre*, et de MM. *Flottes* frères, *Fourcade* père et fils, *André Vernazobres, Tricon* fils, *Mirepoix-Tricon, Joseph Bousquet, Boutes* et *Comerac*, de Saint-Chinian; *Gely* et *Salvy, Saiffet* et *Carlène*, de Saint-Pons ; 3.º des échantillons de draps pour la consommation intérieure, et pour l'Espagne et l'Italie, de MM. *Martel* et fils, de Bédarieux, qui furent mentionnés honorablement à l'exposition de l'an 9, et obtinrent une médaille de bronze à celle de l'an 10 ; *Gaspar Beunier*, *Roqueplane* père et fils, *Salaze* neveu, de Clermont, et *Cormary*, de Saint-Pons.

N.º 9. Châteauroux, département de l'Indre, art. 13.

MM. *Godard* père et fils, *Lemor-Morin*, *Patureau* fils aîné, *Bollu*, *Delaporte-Nabert*, tous fabricans à Châteauroux, ont présenté des échantillons de draps qui soutiennent la réputation qu'avait la fabrique de Châteauroux pour les draperies communes;

M. *Bourdauchon*, d'Issoudun, des chapeaux noirs et des chapeaux blancs fabriqués avec des laines d'agneaux du département;

M. François *Berthier*, de la même ville, et MM. *Teisserenc* neveu et compagnie, de Châteauroux, des coupons de draps propres à l'habillement des troupes. La maison *Teisserenc* occupe cinq cents ouvriers : ses draps, à l'instar de ceux de Lodève, se distinguent par le lainage, la bonne fabrication et la teinture. Le chef de cette maison annonce beaucoup d'intelligence et de talens.

N.º 10. Romorantin, département de Loir-et-Cher, art. 13.

Six manufacturiers du département de Loir-et-Cher, admis à l'exposition, se proposent de tenir la foire dont elle doit être suivie : ce sont MM. *André Beaumont*, *Martin Boy*, *Martinet Cornu*, fabricans de draps à Romorantin; *Pierre Goguet* et *Martin Boy*, fabricans de couvertures de laine à Blois; *Pujol* père et fils, fabricans de molletons et couvertures de coton à Saint-Dyé, et *Nay-Châtillon*, gantier à Blois.

Les draps des trois premiers sont, en général, d'une belle filature, teints avec soin, d'un bon apprêt, d'un prix modéré, et d'une qualité rare pour la force. Les bleus et les verts ont été teints en laine. Ces draps seraient très-propres à l'habillement des troupes.

N.º 11. Bischwiller, dép. du Bas-Rhin, art. 13.

MM. *Gouldenheusch* et compagnie, de Bischwiller, quatre coupons de drap de couleurs différentes, d'une bonne qualité. La fabrication des draps fait une des principales branches de l'industrie du bourg de Bischwiller. Beaucoup de régimens de hussards et de dragons s'y approvisionnent. Il y a dans ce moment quatre-vingts à quatre-vingt-dix métiers qui peuvent fournir 60,000 mètres de draps par an, et même davantage, si les circonstances l'exigeaient; ils occupent mille à onze cents ouvriers.

N.º 12. Beaulieu-lès-Loches, département d'Indre-et-Loire, art. 13.

M. *Desrozes-du-Neau*, de Beaulieu-lès-Loches,

offre des draps communs, grande largeur, de très-bonne qualité ; M. *François-Lasneau*, de Chemillé, des serges, cadis et calmouks ; et M. *Vincent Prudhomme*, de Beaumont-la-Ronce, des draperies, petite largeur, d'un excellent usage.

N.º 13. Pont-en-Royans, département de l'Isère, art. 13.

On y a joint des échantillons de draps propres à l'habillement des troupes, de la manufacture de MM. *Tessier* cadet et compagnie, de Pont-en-Royans.

N.º 14. Altendoff, Oberwesel et Mayen, département de Rhin-et-Moselle, art. 13.

Les fabricans de draps de ce département, admis au concours des produits de l'industrie, sont MM. *Jean-Hibgert Liers*, *Jean-Pierre Liers*, *Herm. Jos. Buch*, *Edmond Muller*, d'Altendoff ; *Jacques Castor*, *Pierre Metzger*, *Mathieu Weinert*, d'Oberwesel ; *Jean Hess*, *Jacques Ganier*, *Daniel Zehren*, *Adam Breul*, de Mayen.

N.º 15. Esch, Wiltz et Clairvaux, département des Forêts, art. 13.

Les draps communs présentés sortent des ateliers de MM. *Hermann*, *Schoettert*, *Cravate*, d'Esch sur la Sarre ; de M. *Zuang*, de Luxembourg, et des fabriques de Wiltz et de Clairvaux ; les draps fins et casimirs, de la manufacture que MM. *Ternaux* frères ont récemment établie au Saupont, commune de Béatrix. On distinguera les laines filées par ces derniers fabricans, pour être employées au tissage des draperies fines et des casimirs.

Les manufactures d'Esch et de Wiltz étaient chargées, par le gouvernement autrichien, de l'habillement des troupes stationnées dans la Belgique.

N.º 16. Dèvres, Saint-Omer et Fruges, département du Pas-de Calais, art. 14.

Draps beiges de M. *Pamart* et de M. *Postel Vestart*, de Dèvres, canton de Boulogne : les étoffes de M. *Pamart* sont d'une très-bonne qualité. Ce fabricant fut honorablement mentionné à l'exposition de l'an 10.

Draps croisés, beiges et pinchinats de MM. *Vandenbossche*, *Mais Bellin*, *Jean-Marie Lefebvre*, *Billeau Masse*, *Gouret*, *Despestres* frères et sœurs, *Buillart* et *Masse-Thullier*, de Saint-Omer. Ces étoffes sont très-estimées ; il n'en existe pas en France qui soient plus solides et d'un prix plus modéré.

Draps pinchinats et beiges, fabriqués par des orphelins à l'hospice de Saint-Omer. Cette institution présente le double avantage d'occuper ces

enfans,

enfans, et de former de bons ouvriers qui, à leur sortie de l'hospice, sont sûrs de trouver du travail.

Molletons et frocs, serges blanches, tricots, droguets croisés, de MM. *Louis Deligny*, *Antoine Bulot* et *Martel*, et *Justin Hochard*, de Fruges ; *Jacques Martel*, *Antoine Martel*, d'Aix-en-Eygny ; *Jacques-Antoine Thomas*, *Jacques Bondoux*, de Rumilly.

N.º 17. Foix, Mirepoix et Saint-Girons, département de l'Arriége, *page 12*, art. 14.

Une des principales branches de l'industrie du département de l'Arriége consiste dans la fabrication des lainages communs, de grande et petite largeur. On en a présenté divers échantillons : ceux de drap proviennent des fabriques de MM. *Clausel*, *Villeneuve* frères, *Denat* jeune, *Bertrand* et *Lambe*, *Bourbouresque* frères, de Mirepoix ; ceux de ras et cadis, doubles, croisés, de la manufacture de MM. *Jean-Baptiste Cussol* et *Seigneurie* frères, de Foix ; et ceux de ras simple et de droguet, des ateliers de M. *Lasmartres*, de Sainte-Croix, arrondissement de Saint-Girons.

N.º 18. Beauvais, Tricot, Cormeilles, Esquenoy, Hanvoile et Granvilliers, département de l'Oise, *page 12*, art. 14.

La principale branche d'industrie de ce départe-

Q

ment est la fabrique d'étoffes de laine, comme gros draps, ratines, tricots, molletons, serges, bouracans, bayettes, &c. Deux mille métiers sont en activité, et occupent chacun sept individus : la manufacture de l'hospice des pauvres de Beauvais, MM. *Jean Guerrier*, *Jean-Louis Ansel* père, *Pierre-Louis Parmentier*, de la même ville ; *Honoré Heroy*, *Picard Permentier*, *Louis Prince*, *Louis Flamant*, *Chrysostome Leroy*, *Jean-Baptiste Papavoine*, de Mouy ; *Nicolas Villette*, de la commune de Tricot ; *Bertin Boulanger*, *Bertin Heu*, *Godin*, de Granvilliers ; *Honoré Dizengrémel*, *Mathieu Demarcy*, d'Esquenoy ; *François Gayaut*, *Minard*, de Cormeilles ; *Carvn* et *Godo*, d'Hanvoile, ont adressé des échantillons d'étoffes variées de leurs fabriques.

C'est à Beauvais que se donnent les apprêts des étoffes de toutes les fabriques du département. Il y existe trente-quatre apprêteurs de toute espèce, lesquels occupent cent quarante-deux ouvriers. On y distingue principalement le rouge de la teinturerie de M. *Delacour*, et les étoffes pressées par M. *Brosser*, qui obtint une médaille de bronze à l'exposition de l'an 10.ª L'un et l'autre prennent part à l'exposition, ainsi que M. *Rançon*, teinturier dans la même ville.

Casimir.

N.º 19. Sedan, article 21. Voyez ci-dessus *page 230*, extrait des Notices, *n.º* 2.

N.º 20. Louviers, art. 21. V. *p. 229*, extrait, *n.º 1.*

N.º 21. Verviers, Ensival et Eupen, art. 21. Voyez *page 232*, extrait, *n.º* 5.

N.º 22. Aix - la - Chapelle et Borcette, art. 21. Voyez *page 232*, extrait, *n.º* 4.

N.º 23. Rethel, art. 21.

La ville de Rethel ne renferme qu'une manufacture d'étoffes fil et laine, dont sont propriétaires et directeurs MM. *Fournival* père et fils et *Habon.* Ils réunissent tous les genres de préparation, depuis le droussage des laines jusqu'au dernier apprêt, et ont chez eux foulerie, machine à lainer et à tondre, teinturerie et presses.

Cadis, Serges, Étamines.

N.º 24. Rodez, Saint - Geniez, Saint- Affrique, article 25.

M. *Recoules*, de Rodez, présente des échantillons de drap croisé et de ratine grande largeur, de molleton, cadis, calmouk, tous confectionnés à la navette volante, les uns avec des laines du pays, les autres avec des laines des premier et deuxième croisemens de mérinos.

Il se fabrique aussi des tricots et des cadis à Saint-Geniez, dont MM. *Fajole* et *Percegal* ont remis des échantillons.

La manufacture de Saint-Affrique met tous les ans dans le commerce environ cinq mille pièces de cadis, ratine ou drap; elle s'est enrichie, depuis trente ans, de frises, de presses et de teintureries. M. *Grand-Pilaude*, de Saint-Affrique, a envoyé des échantillons de ses produits.

N.° 25. Camarès et Fayet, art. 26.

Les tricots de Camarès et de Fayet sont employés principalement pour vestes et culottes de soldats: tous les ans cette fabrique en produit 120,000 mètres. Les échantillons qu'elle a adressés, sortent des ateliers de MM. *Croykels* et *Ramond.*

N.° 26. Nogent-le-Rotrou, département d'Eure-et-Loir, art. 29.

Outre des étamines, la ville de Nogent envoie à l'exposition, des droguets et des serges. Ces divers tissus ont été fournis par MM. *François Pley, Jacques Deshayes, Jean Chauveau, Beulé-Glon, Louis Bournisien, Louis Menou, Louis Énault, René Glon, François Pasteau, Louis Lavie, François Thibault, Deshayes-Colas, André Jallon, Jacques Deshayes,*

Jacques Queneau fils, *Toussaint Forges*, *André Jallon*, *Aubert* fils, *René Boudet*, *Jean Manceau*, *Louis Ménager*.

N.º 27. Vienne, département de l'Isère, art. 30.

Les échantillons de ratines et de draps croisés de Vienne que l'on a adressés pour l'exposition, ont été remis par MM. *Charvel* frères, veuve *Badin* fils et *Lambert*, *Jean-Pierre Ithier*, *Merle* frères et *Pascal*; les échantillons de ratines de Roybon, par M. *Céleste Alibe*.

N.º 28. Saint-Hippolyte, département du Gard, art. 31.

Des molletons ont été envoyés d'Anduze par M. *Lapierre*, et de Sommières par M. *Devillas*; des tricots pour vestes et culottes de soldats, et pour guêtres, par M. *Fraisse* de Saint-Hippolyte; des chapeaux communs, par MM. *Guillaume Sade* et *Roze* et compagnie, d'Anduze.

Étoffes de fantaisie.

N.º 29. Reims, départ.ᵗ de la Marne, art. 34.

La fabrique de Reims tient le premier rang parmi celles du département de la Marne; elle est aussi une des plus étendues et des plus importantes fabriques de lainage qui existent dans tout l'Empire. La nombreuse diversité de ses étoffes, leur finesse, l'extrême variété des dessins dans toutes celles dites *de fantaisie*, leur assurent beaucoup de faveur et d'intérêt. On en trouvera de toute espèce et qualité au concours.

MM. *Baligot* père et fils, qui, à la dernière exposition, obtinrent une médaille d'argent pour leurs casimirs; *Baligot-Remi*, *Assy*, *Prévoteau*, *Élie-Sale* et compagnie; *Jobert-Lucas* et compagnie, auxquels une médaille d'argent fut aussi décernée en l'an 10 pour leurs châles, et pour des étoffes appelées *duvet de cygne*, exposeront eux-mêmes des casimirs, silésies, castorines, molletons, drap royal, flanelles, duvets de cygne ou schonandous, viltons, étoffes de laine et coton dites *toilinettes*, patinscostes, &c. MM. *Jobert-Lucas* et compagnie y joindront des châles, façon cachemire, d'une grande beauté, qu'ils fabriquent seuls, en vertu d'un brevet d'invention.

MM. *Derodé* père et fils, *Assy*, *Guerin-Givel* et compagnie, *Renard-Deligny*, ont adressé des échantillons des mêmes objets, les châles exceptés;

MM. *Geruzel-Carlet*, *Grusel-Dauphinot*, *Camus-Pérard*, *André Huge*, *Mennesson-Bouchon*, des flanelles de santé, sèches, croisées et lisses;

MM. *Renaud-Goulet*, *Bouvier-Baligot*, *Jean-Baptiste Richard*, des échantillons de couvertures de laine;

M. *Vuatrin*, un coupon de casimir mélangé.

Dentelles et Blondes.

N.º 30. Bayeux, art. 124.

Les fabricans de dentelles, réunis, offrent un manteau, un fichu, un voile, un fond de bonnet, et quatre échantillons de dentelles.

N.º 31. Bruges, Ypres, Courtrai et Menin, art. 125 et 126.

Les dentelles du département de la Lys se fabriquent à Bruges, à Ypres, à Courtrai et à Menin. A Bruges seulement, six mille ouvrières sont employées à cette fabrication. Les échantillons qui en ont été remis proviennent de la fabrique de M. *Hubiné*, de celle de M. *Claeys*, de cinq écoles dites *des Pauvres Filles*, de Bruges; de l'atelier public d'Ostende, de l'établissement de charité de Nieuport, de l'école publique dirigée à Poperingue par les D.ᵐᵉˢ *Prevost* et *Vanden Berghe*; des ateliers de *F. Duhayon*, *Delmote Maes*, *Debaenst* et compagnie, *Desmazières*, de *Craeylinck*, *Fontaine Lelen*, D.ˡˡᵉ *Decandt*, *Van Acker*, D.ˡˡᵉ *Dubye*, d'Ypres; des écoles des hospices de la même ville, et de l'atelier des Orphelines de Courtrai.

Toiles de corps et de ménage.

N.º 32. Courtrai, demi-Hollande, Flandre, sect. 5, *page 47.*

Sur tous les points du département de l'Oise, se trouvent des tisserands qui fabriquent des toiles de ménage. Les fabriques de ce genre qui méritent quelque attention, sont placées à Bulles, près Clermont, et dans les environs de Carlepont, près Noyon; ces dernières produisent des batistes communes, des toiles de lin et de chanvre, et du treillis à sac. M. *Malieux*, de la commune de la Rue-Saint-Pierre, qui obtint une médaille de bronze en l'an 10, M. *Queux*, de la commune de Cus, M. *Leroux*, de la même commune, ont envoyé des échantillons de toiles dites *demi-Hollande*, de batiste, de toiles de chanvre et de treillis.

L'arrondissement de Bruges verse chaque année dans le commerce vingt-cinq mille pièces de toile; celui de Courtrai, trente mille : elles sont tissues, non dans des ateliers qui réunissent un grand nombre d'ouvriers, mais dans les communes rurales, et par les cultivateurs, lorsque l'hiver et le mauvais temps les empêchent de travailler à la terre.

MM. *Van-Outryve, J. d'Hollandre* et compagnie, *Serweytens, Liénard Ovevaër, J. Borre, J. Clicteur, J. Vande Maele, Delange,* qui tiennent le premier rang parmi les marchands fabricans de Bruges ; *Ver-savel* et compagnie, *J. de Busscher, de la Rue*, de la même ville, dont le dernier occupe cent quatre-vingts ouvriers ; *Felchoen Dubois, Rossceuw* et les D.^lles *Van-Roosebeck*, de Courtrai, présentent des échantillons nombreux et variés de toile écrue, pour emballage, blanche pour chemises, pour draps de lit, blanchie au lait, &c. ; de toile zinga, &c. MM. *Versavel* et compagnie offrent de plus une toile qui a trois mètres de large, propre à faire des draps sans couture.

MM. *Michel Schiets*, de Bruges ; *Alex. de Quekere*, de Neuve-Église ; *Dujardin Ulis, Bekaert Bakelant, Bakelant Beeck*, de Courtrai, et l'atelier des pauvres orphelines de la même ville, adressent des toiles pour serviettes, écrues, à œil de perdrix, grain de froment, quadrillées, grain d'orge, en damier, en losange, mouche, petit damier, damassées bordure fleuragée, damassées en étoile, en bouquet de rose, en rose et muguet, &c.

Les toiles du département du Nord jouissent d'une grande réputation dans le commerce. On les fabrique avec du lin de gros et du lin de fin. Les fabricans d'Hazebrouch et de Godewaerswelde, et M. *Blan-chard*, d'Estaires, en présentent de différentes qualités et dimensions ; MM. *Harduin, Duhamel, You Hædon* et compagnie, de Merville ; *Louis Parent*,

Jean-Baptiste Revel, d'Estaires, et *Lescornez Molin-gié*, d'Armentières, envoient du linge de table; les fabricans d'Hazebrouch et M. *Louis Modard*, des toiles de fil de lin de couleur.

Des toiles de lin, par Mme veuve *Sarmentier*, d'Enghien ; des toiles, basins, nappes et serviettes d'un excellent usage et d'un prix inférieur à celui des mêmes articles chez l'étranger, par M. *Dubuisson*, de Mons.

N.º 33. Quintin, département des Côtes-du-Nord, sect. 5, *page 47.*

MM. *Jean-Marie Glais*, de la ville de Moncontour, *Jean Bouttier, Louis Bodin* et *Bouan*, de Quintin, ont adressé des toiles dites *de Bretagne*, de toutes qualités, des toiles de lin superfines, et des échantillons du plus beau fil du pays. M. *Bouan* obtint une médaille de bronze à l'exposition de l'an 10.

M. *Pierre le Ray*, de Loudéac, offre une pièce de toile superfine en écru, de 70 centimètres de lé, et deux poupées de lin jaune et bis, attachées à un fuseau sur lequel on a filé du même lin.

N.º 34. Vitré, département d'Ille-et-Vilaine, art. 163.

MM. *Chanteau, Pouriat, Gaumerais* et *Monnerie*,

envoient des toiles connues sous les noms de *reguets*, $\frac{1}{4}$ *brins*, de *pertres* et de *rondelettes*.

N.º 35. Les Échelles, département du Mont-Blanc, art. 165.

Des toiles de chanvre, semblables à celles de Voiron et d'un très-bon usage, fabriquées aux Échelles, par *Chautens* père et fils, qui occupent soixante ouvriers.

N.º 36. Coutils de Turnhout, département des Deux-Nèthes, art. 169.

L'arrondissement de Turnhout fabrique, depuis des siècles, des coutils de la plus grande beauté; il les expédie en partie dans l'intérieur de la France, et en partie en Espagne, en Hollande et en Amérique : ils sont aussi très-recherchés en Angleterre. Cette fabrication fournit du travail à cinq mille ouvriers.

MM. *Michielsen, Sanen, Classen* et *Hendrix* frères, *Michielsen* père, et *Borghs* et compagnie, tous fabricans à Turnhout, adressent des échantillons de coutils.

N.º 37. Coutils de Canisy, département de la Manche, art. 170.

Les coutils, dont la fabrication occupe trois cents ouvriers à Coutances et dans ses faubourgs, proviennent des ateliers de *Joseph Agnes* et de *Pierre Harel*, de la même ville..... Des coutils ont été envoyés par M. *Gardye* de Saint-Lô.

N.º 38. Coutils d'Évreux, art. 171.

Les coutils de l'Eure rivalisent depuis long-temps avec ceux de Bruxelles. Les échantillons qui en sont adressés proviennent des manufactures de MM. *Robillard* d'Évreux, un des premiers qui, pour le blanchiment des fils, adoptèrent la lessive bertholienne; *Thirouin-Gauthier*, de la même ville, dont les ateliers occupent un grand nombre d'ouvriers; *Buzot-Dubourg*, aussi d'Évreux, qui fut mentionné honorablement à l'exposition de l'an 9; *Furet-Laboullaye* père, *Furet-Laboullaye* fils, tous deux fabricans à Lieurey. M. *Laboullaye* fils fournit à la maison de l'Empereur.

Mousseline, Perkale, Calicot.

N.º 39. Saint-Quentin, *page 54.*

Il y a trois ans que la ville de Saint-Quentin cherche à concentrer dans ses murs la fabrique des toiles de coton : quatre belles filatures, qui occupent neuf cents personnes et filent jusqu'au n.º 100, s'y sont élevées en très-peu de temps; un nombre considérable de maisons de commerce s'est empressé de faire manufacturer les basins, perkales, mousselines, piqués, calicots, et généralement toutes les toiles dont l'Angleterre avait le monopole en Europe. Depuis le décret du 22 février dernier, cette fabrication devient de jour en jour plus importante : on y emploie déjà près de huit mille métiers ; et, avant peu, le seul arrondissement de Saint-Quentin donnera un produit annuel d'environ trois cent mille pièces, qui ne laisseront rien à desirer relativement à la main-d'œuvre, et pour lesquelles la concurrence étrangère ne sera pas à craindre, les prix n'en étant, en aucune manière, exorbitans. On sera à portée d'en juger par l'inspection des objets de cette nature que MM. *Lefevre-Grégoire* et *Grégoire*, *Pluvinage* et *Arpin*, *Lemercier- Paillette*, *Duboscq.- Rigault*, *J.* et *J. Joly* et leurs fils *Houel* et compagnie, *J.* *Dollfus* et compagnie, de Saint-Quentin, envoient à l'exposition. On distinguera sur-tout les mousselines de M. *Lemercier-Paillette*, et plus encore celles de MM. *Pluvinage* et *Arpin*, qui en ont fourni deux pièces parfaites sous tous les rapports.

Filatures.

N.º 40. Rouen, Desville, Darnetal, Lescure, Haulme, Petit - Couronne, Lillebonne, Malaunay, département de la Seine-Inférieure, art. 188.

De nombreux échantillons de coton filé, soit à la

filature continue, soit au mull-jenny, paraîtront à l'exposition. Ils sont envoyés par MM. *Dusquesnoi*, dont la manufacture est établie à Houlme; *Raulin*, de Saint-Gilles près Darnetal, qui fut mentionné honorablement à l'exposition de l'an 9; *Delafontaine* et compagnie, de Lescure près Rouen; *Barbay* frères, de Petit-Couronne; *Rawle*, de Desville; *Adeline* le jeune, de Malaunay, qui occupe trois cent cinquante ouvriers; *Adeline* l'aîné, de Darnetal; *Guichet* et *Allard*, de Rouen. MM. *Delafontaine* et compagnie y ont joint deux coupons de calicots, de bonne qualité.

MM. *Lemaître* et fils, de Bolbec-Lillebonne, qui obtinrent une médaille d'argent à la dernière exposition, et dont la filature occupe quatre cents personnes, parmi lesquelles sont beaucoup d'enfans abandonnés; MM. *Doulé* et *Mazza*, de Montivilliers; MM. *Fossard* et *Chaptois*, de Lillebonne, offrent des cotons filés pour fabrication de rouenneries, pour basins et piqués.

N.º 41. Filatures du département de l'Eure, art. 189.

Les filatures de coton de l'Eure pourraient fournir, par an, jusqu'à 1,000,000 de kilogrammes de coton filé. En général, leurs fils les plus fins n'excèdent pas le n.º 60, parce qu'il ne leur est pas fait de demandes dans les numéros plus élevés. On y emploie les machines dites *à filature continue* et les mull-jennys; quelques-unes font usage de courans d'eau. Celles qui ont désiré prendre part à l'exposition, sont exploitées par les entrepreneurs dont les noms suivent: *Orieult* frères et compagnie, *Tassel* frères et *Hauteur*, de Pont-Audemer; *Daunel* et compagnie, de Brionne; *Primoult* frères et *Leroi*, des Andelys; *Fortier* le jeune, d'Évreux; *Jean-Denis Levé*, de Vernon; *Jean-Pierre-Vincent Vedic*, de la même ville; *Galais*, d'Évreux; *L. Castel*, d'Ivry-la-Bataille; veuve *François Gueroult* et fils, de Fontaine-Guerard; *Martinot* et compagnie, de Brosville; *J. B. Decretot*, de Louviers; *Heron Rioust*, de Saint-Pierre-du-Vauvray; *Demaurey*, d'Incarville; *Charles Langlois*, de Louviers; *Gerdret* frères, *Baillehache* et *Petzer*, *Rondeaux-Moubray* père et fils, de la même ville; *Alexandre de Fontaine* et *Piéton-Prémalé*, aussi de Louviers, qui occupent à eux seuls cinq cents ouvriers de tout âge et des deux sexes.

N.º 42. Filatures de Paris et de Versailles, art. 190.

MM. *Debrioude*, rue Beautreillis, n.º 13; *Charité*, rue Bertin-Poirée, n.º 3; *Baquet* et *Cellarier*, rue Popincourt, n.º 44, qui occupent 180 ouvriers;

Dunau, rue de l'Arbalète, n.° 26 ; *Delavacque Kem-penars*, grande rue de Chaillot, n.° 5 ; *Albert*, fau-bourg Saint-Denis, n.° 69 ; cotons filés pour chaîne et pour trame. M. *Albert* y joindra des mécaniques qu'il a perfectionnées, très-propres à filer, et qui travailleront sous les yeux du public.

MM. *Gombert* père et fils, rue de Sèvres, n.° 11 : superbes cotons à broder. Ils obtinrent une mention honorable à l'exposition de l'an 10.

M. *Delaporte*, place du Chevalier-du-Guet : cotons à broder servant à la fabrication des étoffes légères mêlées de coton et de soie.

MM. *Gaud*, *Rigaut* et *Travanet*, membre du Corps législatif, fabricans à Royaumont, présentent des échantillons de coton, filature continue et mull-jenny, des échantillons de toiles blanches et écrues : ces toiles sont propres à remplacer celles de l'Inde, employées ci-devant par les fabriques de toiles peintes ;

M. *Rolland*, à Essone, huit paquets de cotons filés du n.° 49 au n.° 120, deux pièces de basin, deux de calicot : M. *Rolland* occupe cent quatre-vingts ouvriers ;

M. *Lavedan* et compagnie, à Versailles, des échantillons de coton très-bien filé, depuis le n.° 33 jusqu'au n.° 106 ;

M. *Sagniel*,

M. *Sagniel*, à Marly, qui fut mentionné honorablement à l'exposition de l'an 10, des cotons filés,
dont la filature a paru bonne et unie.

N.º 43. Filatures de Saint-Quentin, art. 191. *Voyez* n.º 39.

N.º 44. Liancourt, Senlis, Beaupré, département de l'Oise, art. 192.

Dans le nombre des filatures de coton que possède le département de l'Oise, on distingue celles
de MM. *Bellecourt* et *Duval*, à Beaupré ; *de la
Rochefoucauld*, à Liancourt, et *Jeanneret*, à Senlis.
Toutes trois ont adressé des échantillons.

N.º 45. Toulouse, art. 193.

La plus belle filature de coton que renferme la
ville de Toulouse, appartient à M. *Boyer-Fonfrède*,
qui en jeta les fondemens en 1791, avec huit ou
dix ouvriers qu'il avait amenés lui-même d'Angleterre. On y compte aujourd'hui cent trente-trois
machines, soit mull-jennys, soit machines continues,
dont cent dix-huit sont mises en mouvement par le
moyen de l'eau et d'une seule roue, et environ six
cents ouvriers, parmi lesquels sont trois cent cinquante enfans des deux sexes, tirés des hospices.
M. *Fonfrède* file habituellement du n.º 24 au n.º 50 ;

R

mais il porterait, au besoin, la finesse de ses fils jusqu'au 150.ᵉ numéro. Les deux tiers environ des produits de sa filature s'exportent en Espagne.

A la filature de coton M. *Boyer-Fonfrède* a joint la fabrication des cardes pour la même matière, et celle de toutes les pièces qui entrent dans la composition des machines à filer. Plusieurs des orphelins que lui confient les hospices, apprennent dans son établissement, qu'il a appelé avec raison *École gratuite d'industrie*, les métiers de serrurier, de menuisier, de tourneur en bois, de tourneur sur métaux, d'horloger, &c. ; et c'est avec eux qu'il fait ou répare ses mécaniques. Il présente au concours des cotons filés pour trame et pour chaîne du n.° 24 au n.° 150, quatre cardes fines, un ruban de carde, trois cylindres pour machines continues, et quatorze pièces d'horlogerie en cuivre.

Il existe trois autres filatures de coton à Toulouse, qui ont aussi envoyé des échantillons de leurs produits à l'exposition. L'une, exploitée par M. *Cavailhès*, occupe cent vingt ouvriers ; une autre, qui en occupe cinquante, a été créée en l'an 12 par M. *Abadie*, habile mécanicien, et par M. *Aubegès* ; la troisième est à M. *Plohais*, qui a établi depuis peu une blanchisserie pour les fils de coton et les toiles, et une teinturerie pour le coton rouge. M. *Cavailhès* a également ajouté à sa filature, au commencement de l'an 14, un atelier de teinture pour le coton.

N.º 46. Roanne et Charlieu, département de la Loire, art. 194.

MM. *Antoine Masson*, de Roanne, *Hugand* et compagnie, de Charlieu, offrent des cotons filés ; MM. *Devillaine* et *Chaverondier*, *Masson* père et fils, de Roanne, des cotons filés et des cotons teints, provenant de leurs filatures et teintureries.

N.º 47. Wesserling et Bolwiller, département du Haut-Rhin, art. 195.

Il se fabrique dans le département du Haut-Rhin, sur des métiers à navette volante, plus de vingt mille pièces de toiles de coton par an, qui sont imprimées dans les manufactures de toiles peintes. MM. *Gros-Davillier*, *Roman* et compagnie, de Wesserling, en présentent une avec des échantillons de coton filé ; ils ont été imités par M. *Lischi Dolfus*, qui a établi, au mois de juillet 1805, une filature et une fabrique de tissus de coton, dans le château de Bolwiller, où il espère porter sa fabrication annuelle à dix mille pièces de toiles propres à l'impression. M. *Reber*, fabricant à Sainte-Marie-aux-Mines, offre aussi un écheveau de coton filé, desirant qu'il serve de modèle pour un dévidoir commun.

N.º 48. Arras, Avesnes et Auchy-les-Moines, dép.ᵗ du Pas-de-Calais, art. 196.

Cotons filés, basins et piqués, de M. *Denten*, d'Arras. Sa fabrique est la seule du pays qui possède des mécaniques pour la chaîne et la trame : elle a aussi l'avantage de donner de suite des fils aussi fins qu'on puisse le desirer. Le procédé ingénieux de M. *Denten* l'a mis à même de faire confectionner des basins et piqués de très-belle qualité et à un prix très-bas; il emploie constamment cent vingt-cinq ouvriers.

Cotons filés de MM. *Servatins* et *Martin*, d'Aubigny; *Bodet-Vincent*, d'Avesnes-le Comte; *Deladerrière*, d'Hesdin; M.ᵐᵉ *Mury*, *Louis Ronsier*, d'Arras; *Say* et compagnie, d'Auchy-les-Moines. De grands capitaux et une grande activité assurent le succès de cette dernière filature.

N.º 49. Filatures du département du Nord, art. 197.

MM. *Demailly*, de Lille; *Roussel*, et *Bailly*, de Commines; *Roussel-Grimonporez*, *Alexandre Decresme*, de Roubaix; *Gombert* et *Woussen*, de Houplines; *Alexandre Duquesne*, de Valenciennes; *Desurmont* frères, *Louis Desurmont* et compagnie, de Turcoing; *Lolliot* et *Gauthier Duhin*, de Douai, et *Roch Croquefer*, de Cambrai, présentent des échantillons de fil de coton, depuis le n.º 25 jusqu'au n.º 155 : ce fil, que l'on obtient par les machines dites *mull-jennys*, et par celles à filature continue, est employé presque en totalité par les fabriques de tissus du département.

N.º 50. Amiens et Saleux, département de la Somme, art. 198.

MM. *Adeline* frères, à Saleux, près d'Amiens, des cotons filés bien tors, provenant de leur filature hydraulique continue.

MM. *Morgan* et *Delahaye*, d'Amiens, qui reçurent une médaille d'or à l'exposition de l'an 9, des cotons filés par mull-jennys et des velours de coton fabriqués avec les fils de leur filature. C'est leur manufacture qui a donné naissance à la fabrication des velours de coton en Picardie.

Nankins.

N.º 51. Nankins du département du Nord, art. 223.

La ville de Roubaix possède une fabrique considérable de nankins, nankinets, créponis, satinades, et autres étoffes de coton; fabrique qui a remplacé celle de calmandes, prunelles et satins turcs en laine. On fait aussi des nankins, nankinets, créponis et satinades dans les communes de Lille, Turcoing, Launoy, Scellin, Vaucelles et Cambrai. D'autres communes établissent des étoffes de coton dans d'autres genres. MM. *Bossut*, *Bredart-de-Saint*, *Frédéric Cocheteux*, *Louis Cocheteux*, *Dazin Dusoret*, *Alexandre Decresmes*, qui obtint une médaille de bronze à l'exposition de l'an 10; *Defrenne* fils, *Defrenne-Floris*, *Delaoutre-Floris*, *Duponchelle*, *Derveaux-Bulteau*, *Desent-Serlie*, *Louis Duthois*, *Duthois-Leclerc*, *Jarsuille-Dubar*, *Sarvaque-Dumortier*, *Florin-Carlos*, *Florin-Scheppe*, *Guidet-Destombes*, *Herman-Pincemaille*, *Holbecq-Delcourt*, *Hourel-Delo*, veuve *Lefebvre*, *Prouvost-Serlié*, *Rousseau-Destembes*, *Requillard* frères, *Roussel-Grimonprez*, *Roussel-Petit*, *Ségard-Survaque*, *Watinne-Sursaille*, *Wacrenier-Ployette*, *Louis Malfait*, les uns et les autres de Roubaix; *Louis Delobelle*, *Decresme*, *Dujardin-Damas*, *Chretien-Lebrun*, veuve *Ducoulombier-Catteau*, *Gahide-Tharin*, de Turcoing; *Jacques Lecherf*, *Trentefaux*, *Simon Defrenne*, *Fr.ᵉ Trentefaux*, *Sixte Lecherf*, veuve *Page*, de Launoy; *Albert Vannoye*, d'Armentières; *Benjamin Desmestère* et compagnie, *Antoine Demestère*, *Chrisant Stoch*, *Louis Catteau*, *Jean-Charles Dul*, d'Halluin; *Lauwick-Durot*, *Howin-Guesquière*, *Jean-Baptiste Leclercq*, de Commines; *Alexandre Duquesne*, de Valenciennes; *Dufrayer* et fils, de Vaucelles, et *Croquefer*, de

Cambrai, envoient des nankins, nankinets, satinades, créponis, reps, velours, prunelles et autres étoffes. M. *Decresme*, de Roubaix, envoie en outre des échantillons d'une étoffe de coton qu'il a nouvellement inventée, et à laquelle il a donné le nom de *Napoline*. MM. *Louis Delaeter*, *Thérèse Delaeter*, et *Augustine Windrif*, de Steenvorde, présentent des rubans bleus croisés, bleus non-croisés et blancs croisés.

N.º 52. Nankins de Nantua, département de l'Ain, art. 224.

La ville de Nantua se distingue par une industrieuse activité. On connaît depuis long-temps ses tanneries, ses corroieries, ses mégisseries, son commerce de cordonnerie. Elle y a joint plus récemment un certain nombre de fabriques de nankins, nankinets et autres tissus de coton.

Les objets qu'elle envoie à l'exposition, consistent en nankins, nankinets et autres étoffes de coton, des fabriques de *Maurice Vuarin*, *Hubert Messiat*, D.ᴵᴵᵉ *Denise Santhonax*, qui furent mentionnés honorablement à l'exposition de l'an 9, et de celles de *Benoît Croisse*, *Pierre-Joseph Maissiat* père.

N.º 53. Nankins de Louviers, département de l'Eure, et de Feugerolles, département du Calvados ; art. 226.

Quelques métiers à navette volante existent à Bernay et dans les cantons voisins, pour la fabrication des toiles et étoffes de coton. Des échantillons de ces tissus, consistant en siamoises, basins, piqués, molletons, futaines, nankins, velours, &c. sont présentés par MM. *Chouel* frères, de Goupillières ; *Philippe*, d'Harcourt ; *Boulan*, de Barc ; *Morel* l'aîné, de Bernay ; *Toutain* père et fils, de Sainte-Opportune-du-Bosc ; *Pierre Seinent*, de Saint-Pierre-de-Salerne ; *L.ᵗ Gancel* père et fils, de Louviers ; *François Turlure*, de Cavoville ; *Jean-Jacques Maisellet*, de la Haye-du-Theil ; *Eloi*, d'Harcourt ; *Bidaut*, de Neubourg ; *Thomas Saunier*, de Louviers ; et *Jacques - Nicolas Bioche*, de Neubourg. M. *Bioche* offre aussi un hamac tout coton, chaîne retorse.

M.ᵐᵉ veuve *Lainé Bouvier* et compagnie, fabricans à Feugerolles - sur - Orne, exposeront des échantillons de nankin, de coton, et de fil de coton teint en nankin.

Bonneterie.

N.º 54. Département du Gard, art. 241.

Des articles nombreux de bonneterie en soie, consistant, 1.º en bas pour homme et pour femme, à coins brodés, coins à dentelle, coins à jour, coins et col de pied à dentelle, pékinés, à mille raies, à maille fixe, à côte mécanique, &c. ; 2.º en gants de soie pour femme, brodés, veloutés à chevrons, bracelets à dentelle, &c.; en mitaines à tulle élastique, et en gants de soie pour homme; 3.º en bas et gants de bourre de soie, ont été fournis par MM. *Galiau* frères, *Turc* et compagnie, *Roux-Amphoux*, *Roque*, *Louis Maigre*, *Martin* frères, de Nîmes ; *Rocheblave*, d'Alais ; *Finielz*, *Maystre* frères, *Clair* et *Jean Jean*, *Verdier*, *Laporte* frères, du Vigan ; *Bastide*, d'Anduze ; *Bourguet* fils, *Dadre* et *Thomas*, *Jean-Louis Fregier*, de Saint-Hippolyte ; *Augustin Rossel*, *Honoré Raynaud*, de Saint-Jean-du Gard.

N.º 55. Ganges, département de l'Héraut, art. 242.

MM. *Aigoin-Bourdier* et compagnie, *Abris* et *Bertrand*, *Barral* frères, *Bezies-Meyrueis* et compagnie, *Caucanas-Soulier* et compagnie, *Euzière*, *Ferrier* et fils, *Lapierre* fils, *Mallié* frères et compagnie, *Méjan* père et fils aîné, tous fabricans à Ganges, envoient des bas de soie pour homme et pour femme, à broderie, à baguette, à grandes côtes, &c., distingués par la finesse de la matière, la beauté du blanc et la bonne fabrication.

Toiles peintes.

N.º 56. Les fabricans de toiles peintes de Colmar et de Mulhausen, art. 285 et 286.

Les manufactures de toiles peintes sont bien plus importantes encore pour le département du Haut-Rhin que ses usines : presque toutes ont présenté leur tribut à l'exposition ; savoir : celles de MM. *Hartman*, au val de Munster ; *Gros - Davillier*, *Roman* et compagnie, à Wesserling ; *Zurcher* et compagnie, à Cernay ; *Verdan*, à Bienne ; *Dolfus-Mieg* et compagnie, *Blech-Tries* et compagnie, *Paul Blech*, *Kohler-Heilmann*, *Schlumberger-Kœnning* et compagnie, *Baumgartner*, et compagnie, *Huguenin* l'aîné, *Weber* père et fils, *Jungahen-Blech* et compagnie, *Jean Hofer* et compagnie, *Schoening* et compagnie, *Coechlin*, frères, à Mulhausen ; *Petit - Pierre* et *Robert*, à Thann ; *Schwartz - Hofer* et compagnie, à Mulhausen et Cernay ; *l'Huillier* frères, à Sainte-Marie-aux-Mines, et *Haussman* frères, sur le canal de Logelbach près Colmar. Les objets qu'elles envoient consistent en échantillons et coupons de toiles peintes, en mouchoirs, gilets, châles imprimés, &c. « On distinguera, dit M. le Préfet du
» Haut - Rhin, ceux provenant des ateliers de
» MM. *Haussman*, à Logelbach ; *Gros-Davillier* et
» *Roman*, à Wesserling ; *Hartman*, à Munster, et
» *Dolfus-Mieg*, à Mulhausen : les châles de Logel-

» bach attireront sur-tout les regards du public par
» la beauté des dessins, des couleurs, et par d'ingé-
» nieux emblêmes : l'un d'eux est remarquable en ce
» qu'il offre le premier essai de la teinture écarlate en
» cochenille appliquée par saturation sur le coton. »

M. *Koechlin*, de Mulhausen, a entrepris de prou-
ver qu'en toiles de coton peintes, on pouvait imiter
les tableaux peints à l'huile et rendre le même effet,
ces tableaux étant en bon teint et leurs couleurs ne
s'altérant pas à la lessive. Il en exposera lui-même
quatre, de plus de deux mètres de hauteur chacun,
et de plus d'un mètre de large, représentant, le
premier, un vase antique en marbre blanc rempli de
fleurs ; le second, une allégorie en l'honneur du
général *Desaix* ; le troisième, le buste de *Franklin* ; et
le quatrième, le buste de *Napoléon*, premier Consul,
en grandeur naturelle, d'après le premier buste en
stuc, fait en Italie. Ces tableaux, qui peuvent servir
de tenture, réunissent au sujet principal, des acces-
soires et ornemens choisis et exécutés avec goût.
M. *Koechlin* y joindra six fauteuils ou housses de
fauteuils coloriés, gravure au burin.

Corroyage.

N.º 57. Les fabricans de Pont-Audemer, département de l'Eure, art. 306.

A la fabrication des draperies de première qualité

le département de l'Eure joint celle des cuirs, qui y est portée à un haut degré de perfection, des coutils, rubans de fil, frocs et flanelles, toiles et linges de table, tissus et bonneterie de coton, un grand nombre de filatures de coton, des fourneaux et grosses forges, &c., des papeteries, verreries, &c.

Les tanneries de Pont-Audemer fournissent des cuirs appropriés à tous les besoins des arts, pour tiges et semelles de botte, selles, harnais, brides, des veaux et vaches pour cardes, des veaux pour rouleaux de filature de coton, des peaux de chien, de chèvre, de cochon ; la plupart ne cèdent aux plus célèbres tanneries de l'étranger, ni pour la qualité et la beauté des marchandises, ni pour celle des apprêts. MM. *Loisel Bernard* et compagnie, successeurs de MM. *Louis Julien* et *Alexandre Martin*, *Donnet* frères, *François-Maurice Prosper*, *Bunel Blamaup*, *Vannier Hurel* et *Noël* le jeune, *Plumer Laurence* et compagnie, *Pierre-Charles Tenneguy*, *Becquet*, *Philippe Renelard*, tous tanneurs à Pont-Audemer, envoient des échantillons propres à faire apprécier le mérite de leurs travaux ; on y a joint ceux fournis par MM. *Vallée*, *Lecomte* et *Goger* neveu, tanneurs et mégissiers, les deux premiers à Évreux, et le troisième à Bernay, et par *Charles Pillon*, tanneur et mégissier à Vernon. Ce dernier annonce avoir travaillé ses peaux par un procédé qui dispense de cinq opérations, et qui, à en juger par la qualité des produits, pourrait bien être préférable au procédé ordinaire.

Cuivre.

N.º 58. Les fabricans de Namur, art. 375.

M. *Henri Bevort-Raimond,* maître batteur en cuivre à Namur, envoie cinq échantillons de sa fabrique, qui paraissent d'une qualité supérieure à tout ce qui se fabrique en France.

M. *Louis-Raimond de la Roche*, maître batteur et fondeur en cuivre à Namur, fait parvenir également de sa fonderie cinq échantillons d'une qualité supérieure, et propres à soutenir la réputation des cuivres de Namur.

N.º 59. Les fabricans de Villedieu, art. 377.

Les ouvriers de la manufacture de poêlerie et autres ouvrages en cuivre, de Villedieu, ont envoyé trois chaudières ou bassines en cuivre. La population entière de cette commune, qui est composée de trois mille ames, ne subsiste que par la fabrication des ouvrages de poêlerie. On les recherche pour leur bonté et leur solidité; ils se débitent principalement dans les départemens de l'ouest. Ceux qui en font le commerce à Villedieu, se recommandent par leur grande loyauté; il n'y a pas d'exemple qu'aucun d'eux ait jamais failli.

Coutellerie.

N.º 60. Saint-Étienne, art. 387.

La ville de S.'-Étienne a fourni encore des rubans, des vis à bois, des râpes à bois, des couteaux, des scies, des serrures et autres objets de quincaillerie.

Les vis à bois ont été fabriquées par *Palliard-Vialetton*; les limes, qui sont d'une très-bonne qualité, par *Brazier*, ouvrier très industrieux; les râpes à bois par *Chauve*, autre ouvrier plein d'intelligence; les couteaux, par *Louis Philibert*; les scies, par *Jourjon* père et fils, qui ont établi les premiers ce genre de fabrication, qu'ils perfectionnent tous les jours; les serrures, fiches, tenailles, marteaux, éperons, &c., par veuve *Gerin* et fils.

N.º 61. Thiers, département du Puy-de-Dôme, art. 388.

Cinq cent cinquante ateliers de quincaillerie, disséminés dans la ville de Thiers et dans les communes environnantes, occupent quinze à seize mille individus. Ils peuvent fournir par jour sept cent vingt douzaines de couteaux, depuis un franc jusqu'à 18 francs la douzaine; sept cent vingt douzaines de ciseaux, depuis 75 cent. jusqu'à 15 fr. la douzaine; quatre cents douzaines de fourchettes, depuis 50 centimes jusqu'à 3 francs la douzaine;

trois cents douzaines de cuillers, depuis un franc jusqu'à 3 francs la douzaine; quarante douzaines de canifs, depuis 75 centimes jusqu'à 2 fr. la douzaine; cent vingt douzaines de rasoirs, depuis 5 francs jusqu'à 10 francs la douzaine. Le travail y est divisé et subdivisé d'une manière bien entendue; c'est ce qui est cause que les quincailleries de Thiers se vendent à bas prix : elles se répandent dans l'intérieur de la France, en Espagne, en Suisse, en Italie, dans une partie de l'Allemagne, dans les Échelles du Levant, en Afrique et en Amérique.

Les objets que ces nombreux ateliers présentent à l'exposition, consistent en ciseaux, couteaux et jambettes de différentes espèces : ils proviennent de MM. *Antoine Jacqueton*, *Brasset-Lheraud*, *Henri père et fils*, *Marquet*, *Desaptimberdis*, *Farge Blettery*, *Glometon* fils, *Antoine Odin* fils, *Pradier*, *Bertry Dubost*, *Chervet* frères, *Couret-Planche*, *Taillandier-Chabrol*, veuve *Grange*, *Grange-Riberon*, *Riberon*, *Vacherias Tixier*, *Coutaret-Blettery*, *Chabrol* père et fils, *Perret-Vacherias*, de Thiers; *Joanis*, *Fedit*, *Bayle*, de Saint-Remi.

N.º 62. Paris, art. 389.

MM. *Gillet*, rue de Charenton, n.º 43; *Lethien*, boulevart du Temple, n.º 1; *Petitvalle*, dont le père obtint une médaille d'argent à l'exposition de l'an 9 ; *Renaud Gloutier*, rue de l'Arbre-Sec, n.° 2 3 ; *Gavet*, rue Saint-Honoré, n.° 1 3 8 : objets divers de coutellerie, d'une bonne trempe, et d'un beau poli.

N.° 63. Langres, département de la Haute-Marne, art. 390.

La ville de Langres, renommée par sa coutellerie, fournit des couteaux et des rasoirs. Les couteaux sortent des ateliers de Mme veuve *Populus ;* et les rasoirs, de ceux de M. *Macquart.* Les couteaux sont faits avec soin, même avec élégance ; le poli en est très-beau : il y en a un à lame de Damas, qui ne vaut pas moins de 100 francs. Les rasoirs n'ont pas une monture légère, riche ou ornée ; mais on y trouve ce qui constitue véritablement le rasoir, bon acier et bonne trempe : ces qualités, jointes à la modicité du prix, procurent à M. *Macquart,* des commandes assez considérables.

N.° 64. Moulins, département de l'Allier, art. 391.

La ville de Moulins renferme plusieurs fabriques de coutellerie. M. *Tourtau* envoie différens produits de celle qu'il y exploite ; ils sont remarquables par la perfection du travail. Ce fabricant entreprit, vers la fin de 1792, de fournir aux armées des caisses

d'instrumens

d'instrumens de chirurgie ; il continua jusqu'en l'an 5, et, dans cet intervalle, il a livré plus de 200 caisses doubles d'instrumens, moitié de trépan et moitié d'amputation, reconnus de la plus parfaite qualité.

N.º 65. Châtellerault, département de la Vienne, art. 392.

Des couteaux et jambettes ont été fournis par la ville de Châtelleraut : ils proviennent des ateliers de MM. *Briault-Dugaz*, *Briault-Garmond*, *Mignon-Garmond*, *Lourdault-Garmond*, *Labourdin-Briault*, *Dansac-Corchaud*, *Laglaine-Chevalier* et *Piault-Briault*.

Aiguilles.

N.º 66. Aix-la-Chapelle, art. 408.

Pour les aiguilles à coudre et à tricoter, MM. *L. Beisseil* et fils, d'Aix-la-Chapelle ; pour les aiguilles à coudre, MM. *C. Springsfeld*, qui occupent quatre cents ouvriers ; *Voupier* frères, *H. Hutten*, *Startz*, d'Aix-la-Chapelle ; *G.*, fils de *Pierre Pastor*, de Borcette, qui occupe sept cents ouvriers.

Armes à feu.

N.º 67. Saint-Étienne, art. 413.

Les manufacturiers du département de la Loire se sont fait remarquer par leur empressement à prendre

S

part à l'exposition générale des produits de notre industrie. MM. *Allary, Jean-Baptiste Jovin, Jean Jallabert, Jean-Baptiste Thomas, Brunon-Micalonier, Romain-Leurière, Rey-Dumarest, Verrier-Lamotte, Moulard-Dufour, Rey-Brossard*, tous de Saint-Étienne, ont envoyé des fusils à deux coups ; et M. *Pierre Peyret*, de la même ville, des pistolets de prix, garnis en argent et en or, pour les Échelles du Levant.

TABLE.

PASSAGES DES NOTICES.

FIN.

IMPRIMÉ

Par les soins de J. J. MARCEL, Directeur général de l'Imprimerie impériale, Membre de la Légion d'honneur.